铸铁锅无水料理

〔日〕大桥由香◇著　唐晓艳◇译

南海出版公司

2019・海口

你在用铸铁锅无水烹调吗？

无水烹调，顾名思义，就是不加水的烹调方法。利用蔬菜、肉类等食材自身的水分炖煮或蒸煮，做出的料理味道浓郁，凝聚了纯天然的鲜味。你可能会认为无水烹调需要许多专门的烹调工具，实际上只用staub就足够了。

我与staub的缘分还要追溯到数年前。在没有staub之前，我一直用结婚时买的锅，做菜老是粘锅，觉得是时候换一口新锅了，于是经过多番对比、研究，最终选择了staub。之所以选择staub，除了外观精美，更重要的是它可以无水烹调。当时孩子们正过敏，家里刚开始无添加的饮食生活，正需要这样一口锅。很早之前我就对无水烹调非常感兴趣，自从staub来到我们家，我就开始研究锅的构造、适用的蔬菜、烹调方法。“这些应该都可以无水烹调吧？”“这样是不是就是无水烹调了呀？”每天都像做实验一样，深深迷恋上了做饭。叶类蔬菜、根茎类蔬菜、肉类、鱼类都可以无水烹调，在每次烹调的过程中不断调整，终于诞生了一个个新食谱。

如果你认为自己不擅长做饭，或是觉得工作太忙、做饭太麻烦，那你可以尝试用staub烹调。如果你之前一直往staub内加水烹调，那就试一次无水烹调，做出的饭菜一定有意想不到的美味。

无水烹调可以让做饭变得更省时、更轻松、更简单，我想把这份美味与快乐传达给更多人，怀揣着这一期许，本书收录了staub无水烹调的83份食谱。为了满足日常的饮食需求，食谱种类丰富，既有可以轻松做好的蔬菜类小菜，也有肉类和鱼类料理等主菜。

与家人共同生活的日子里，每天都有staub的陪伴，如果这本书能帮助你丰富家中的餐桌，我将十分荣幸。如果你的staub还在家里沉睡，那快叫醒它！通过此书你可以真切感受到烹调料理的乐趣。

希望餐桌上的美味料理能提升大家的幸福感！

大桥由香

目录

第1章 蔬菜类小菜

基础——蒸煮烹调

应用——蒸煮烹调

第2章 肉类与鱼类料理

鸡肉

猪肉

◎关于本书

- 食谱中标注的1大勺是15mL、1小勺是5mL、1杯是200mL，均是刮平状态。
- 分量外的调料均用（ ）标注了用量。
- 书中使用的是天然海盐。精制盐咸度较高，一定要注意用量。
- 书中使用的是黄豆固体成分含量9%的原味豆乳。
- 本书使用的铸铁锅均为法国品牌staub，以铸铁为锅体材料，外封珐琅瓷而成。

锅的种类与尺寸标识。

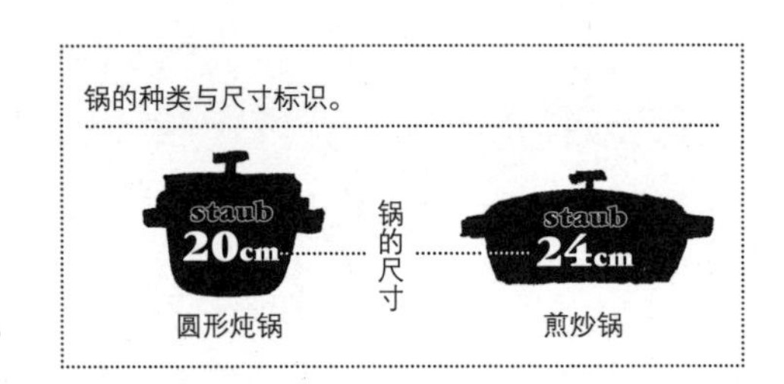

·书中使用含盐黄油，也可以使用无盐黄油。
·菌菇类去掉根部后不用清洗，直接使用，如果有污渍，可以轻轻擦拭干净。
·炖煮时的火候，如果没特别标注就用文火。标注的烹调时间仅供参考，不同的烹调器具和环境会影响所需的烹饪时间，可根据实际情况调整烹饪时间。
·标注的烤箱、微波炉的加热时间仅供参考，需根据实际情况自行调整。
·冷冻烤咸猪肉时，需要先冷却，裹上保鲜膜后再装入保鲜袋内。
·标注的冷藏、冷冻时间仅供参考，请尽早食用。
·staub的尺寸和使用注意事项详见最后一页。

无水烹调的优点1

浓缩食材的鲜味

普通锅

土豆炖肉

需要加水

锅内水分较多，蒸煮过程中食材不停滚动碰撞，容易煮散。

水煮的肉口感较硬。

由于倒入了水，需要加入大量的市售汤料或日式高汤等调料，会遮盖食材原有的味道。

收汁需要花费较长时间。

staub 的一大特点就是锅盖很重。密闭性较好，锁住带有食材鲜味的蒸气，食材煮出的水分会变成蒸气在锅内循环，只利用食材自身的水分就可以蒸煮。不需要加水，所以即使不加汤料、日式高汤，做好的料理味道依旧浓郁美味。

铸铁锅

土豆炖肉

无须加水

食材煮出的水分会在锅内对流，锅盖上凝结的水滴会像雨滴一样落到食材上。即使不另加落盖，食材也能炖煮软烂。

利用食材自身的水分进行烹调，食材没有完全浸在汤汁中，这样就不易煮散。

不需要加水，鲜味不会变淡，可少用调料，能品尝到蔬菜天然的鲜甜味。

关火后利用余热继续烹调。可以缩短开火加热的时间，节省燃气费。

无水烹调的优点2

调料用量少

普通锅

需要加水 土豆炖肉的调料用量

每家的调味配方都会有所不同，图中是加水烹调所需的调料用量。
砂糖、甜料酒和咸味的酱油，按一定比例与日式高汤调和。

加水后味道会变淡，就需要增加盐和酱油的用量，而无水烹调味道不会变淡，自然就不需要增加调料用量。食材自身的鲜味和香味浓缩到汤汁中就可以调味。仅用甜料酒和酱油就可以烹调出保留食材天然味道的鲜美料理。洋葱和蔬菜的甜味代替了砂糖调味，本书中介绍的食谱大都不使用砂糖。

铸铁锅

无水烹调 土豆炖肉的调料用量

食材可炖煮出鲜味，无须添加日式高汤提鲜。
因为未加水味道不会变淡，酱油用量就会减少。
蔬菜自身的甜味代替了砂糖，甜料酒的用量也减少了。

无水烹调的优点3

烹调步骤
适用于所有料理

1 中火热油

●大火加热温度过高，不仅容易烧煳菜，还会损伤锅体的珐琅，因此请使用中火加热。

● staub 是一款表面覆珐琅瓷的铸铁锅，内侧比较粗糙，这样不容易粘锅，可以轻松将食材煎至上色。

2 放入食材

●使用硅胶铲或木铲翻动食材直至上色，可以激发食材的鲜味和甜味，看上去也更有食欲。

●放盐会使食材水分渗出而无法上色。

3 撒上盐后盖锅盖

●盖上锅盖炖煮前撒上盐。撒入的盐除了可以调味，还可以增强渗透压，有助于食材煮出水分。

●蒸气会在锅内循环，炖煮时所需的食材一般占锅容量的一半或7～8分满。如果食材较少，锅内蒸气达到完全循环的时间较长，底部的食材就很容易焦煳粘锅。

无水烹调听上去似乎很难，但其实所有料理的烹调步骤相似，只要掌握其中诀窍即可。食材切好备用，然后开始烹调，先用中火加热再转文火炖煮。如果需要将食材炖至软烂入味，则还需要放置一段时间（余热烹调）。staub 较厚，关火后利用余热还可以继续加热。

冒蒸气后转文火

●锅盖缝隙处有蒸气时，意味着锅内有大量水蒸气，这时改用文火，控制蒸气形成，锅内蒸气开始自然循环。小火一直加热至不冒蒸气。

●煤气灶用最小火炖煮，根据电磁炉型号的不同，火力可能会有所差异，但大多控制在 2 ～ 3 档即可。如果一直冒蒸气，会导致食材焦煳。

炖煮适当时间

●食材大小、软硬度以及料理要求熟度，都会影响炖煮时间。鱼类炖煮时间稍短，长时间炖煮会使鱼肉变硬。

炖煮时间标准
蔬菜：3 ～ 20 分钟
鸡肉：10 ～ 45 分钟
猪肉（切薄片）：10 ～ 20 分钟
猪肉（大块）：40 分钟～ 1 小时以上
牛肉（大块）：1 小时以上
鱼类（鱼段）：3 ～ 5 分钟
鱼类（整条）：10 ～ 15 分钟

关火放置（余热烹调）

●关火放置，利用余热继续烹调，尤其是需要炖至软烂的食材，一定要预留出余热烹调的时间。

●用报纸或浴巾包裹 staub，放入烤箱烹调（p69），可进一步提升余热烹调的效果。

锅内是什么情况呢？详情请见下页 ☞

☞ 锅内详情

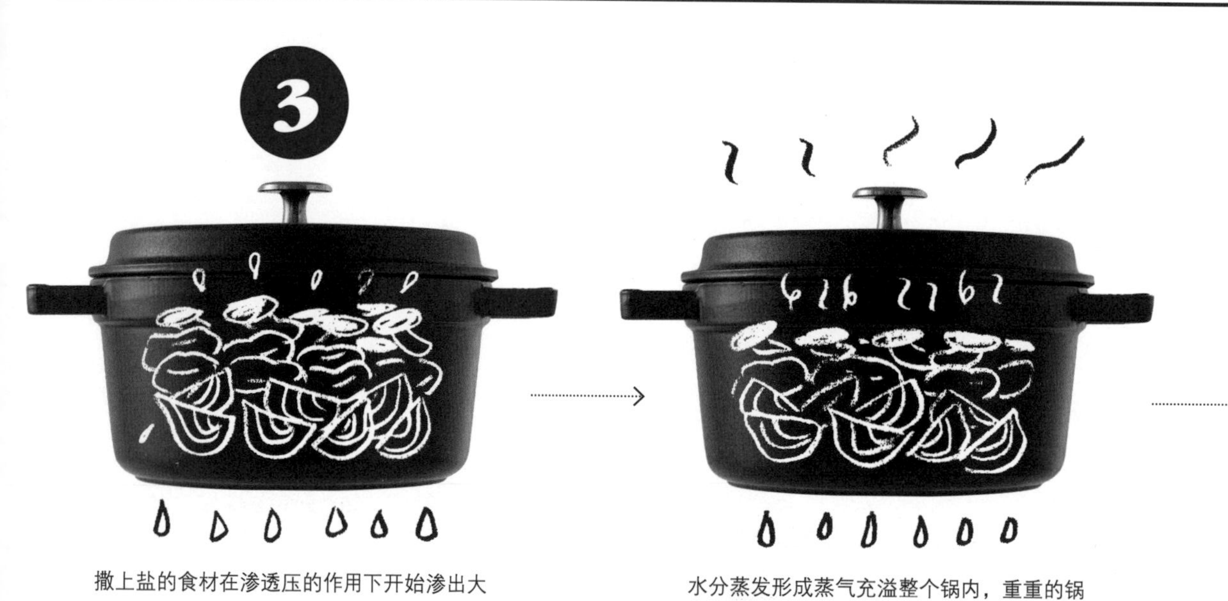

撒上盐的食材在渗透压的作用下开始渗出大量水分。

水分蒸发形成蒸气充溢整个锅内，重重的锅盖用来防止蒸气外溢。

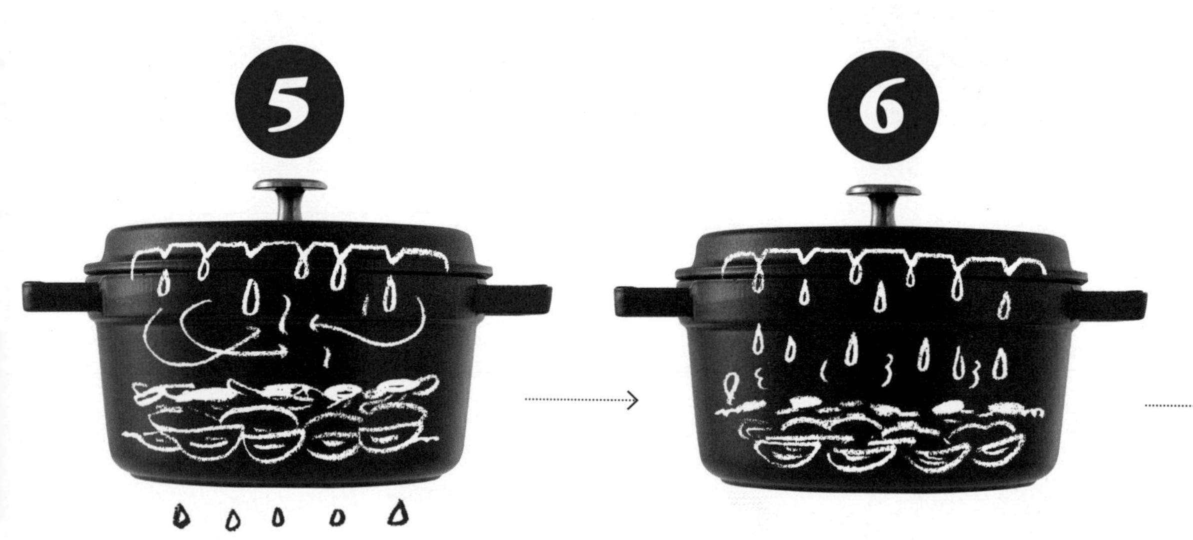

火力转小后形成的蒸气趋于饱和，在锅内不断循环。如果这时打开锅盖，饱含食物鲜味的蒸气就会溢出，此时，需重新用中火加热，待重新产生蒸气后再转用小火。

关火放置。利用锅的余热继续烹调（余热烹调）。花洒设计的锅盖上凝结的水滴开始往食材上滴落，食材浸润了汤汁会充分入味。

p8～9 步骤❸～❻
锅内详情

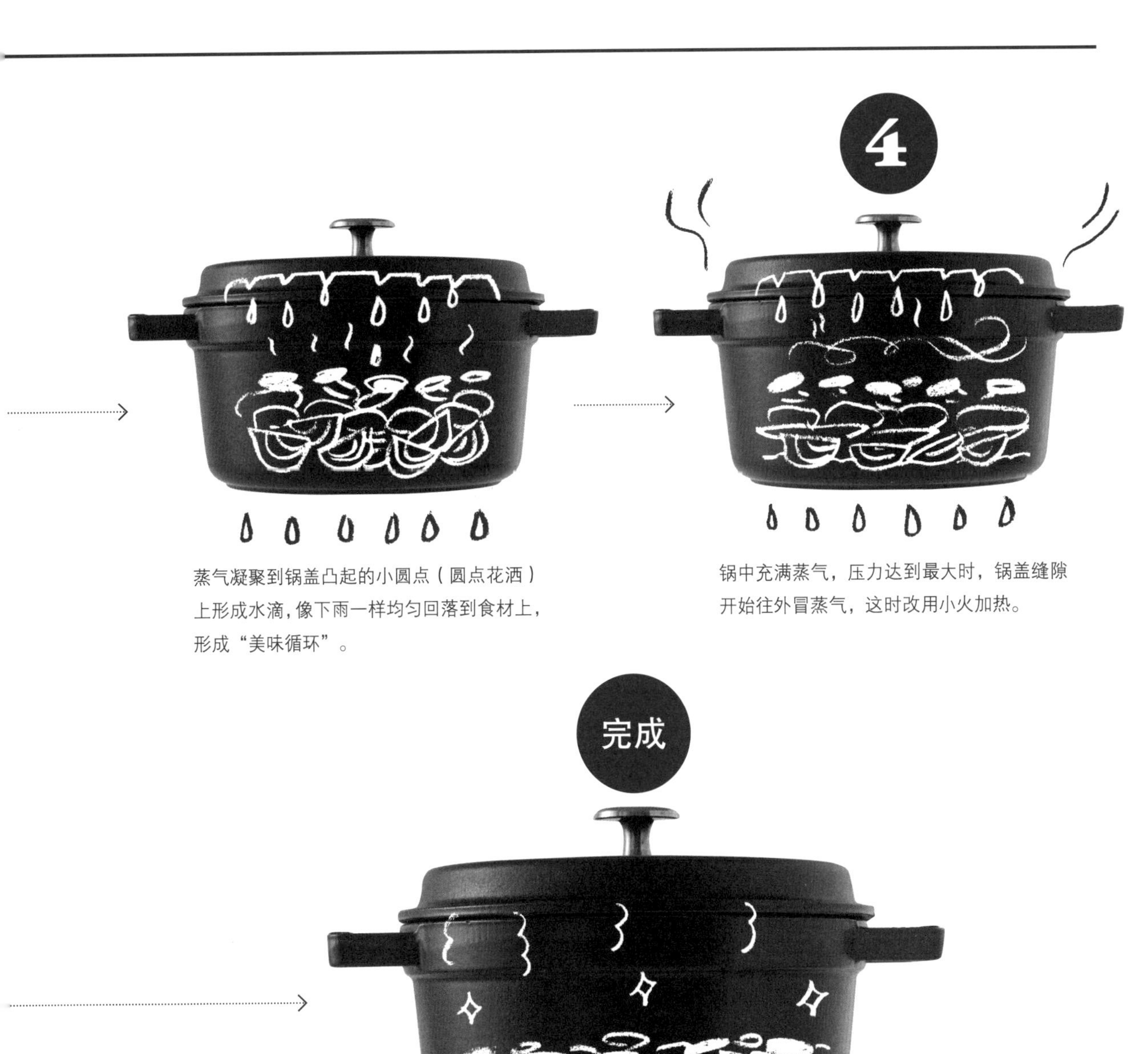

蒸气凝聚到锅盖凸起的小圆点（圆点花洒）上形成水滴，像下雨一样均匀回落到食材上，形成“美味循环”。

锅中充满蒸气，压力达到最大时，锅盖缝隙开始往外冒蒸气，这时改用小火加热。

放置一段时间后（尽量放置至 staub 冷却），料理就做好了，可以直接食用，也可以重新加热一下再食用，可根据自己的饮食习惯自行决定。锅盖上有很多饱含食材鲜味的水滴，打开锅盖时晃动几下，使水滴落回锅内。

无水烹调常用食材

炖煮食物时，使用大量水分含量高的食材可以炖出鲜美的汤汁。

蔬菜

巧妙利用蔬菜自身的水分是无水烹调的诀窍。
通过选择蔬菜的种类和切法调整水分量。

洋葱

含水量丰富，是无水烹调常用的蔬菜。如果想炖出更多的水分，切的时候刀要与洋葱纤维呈直角切成薄片；如果想保持洋葱的形状，不用去心，纵向把洋葱切成 4 等份或 2 等份；如果洋葱个头较小，可以整颗放入锅内炖煮。

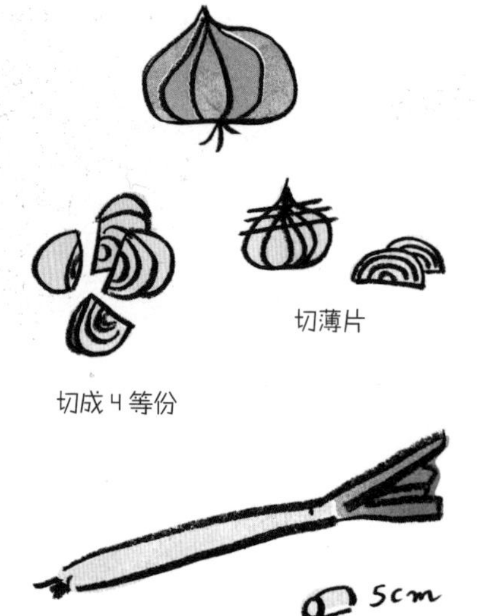

大葱

切成长 5cm 的小段可以保持葱的形状。
先煎至上色再炖煮，这样甜味更浓。

番茄

如果想把番茄彻底炖烂，就切成 2cm 见方的小块；如果想保持番茄的形状，就切成月牙状；如果用的是小番茄，可以对切开或切成 4 等份，亦可整颗放入。

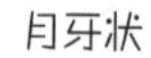

菌菇类

水分含量较高，推荐用于烹调需要较多水分的料理。
若菌菇上有污渍，可以用厨房纸巾蘸上水擦除。

蟹味菇

去掉根部，用手撕成小朵。

金针菇

去掉根部，横向切成两段。

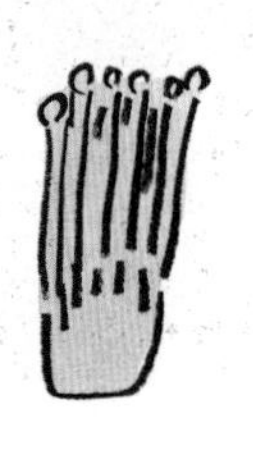

香菇

去掉根部，切成方便使用的大小。

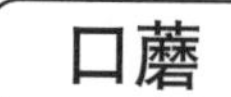

口蘑

去掉根部，如果表面沾有泥土，可以轻轻擦拭干净。

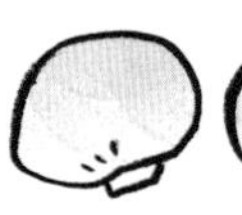

牛蒡

3~5cm

不容易煮碎，适合长时间烹调的料理。切成 3～5cm 的小段，如果想炖好后色泽更佳，可以切好后再用水冲洗，充分洗净后，可以不用去皮，直接炖煮。

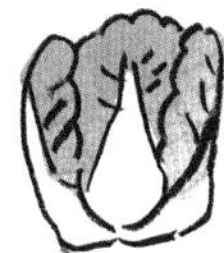
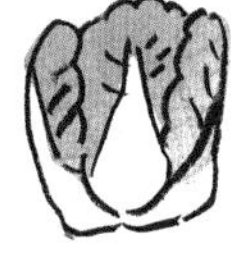

卷心菜、白菜

炒菜时切成小块，制作浓汤等需长时间炖煮时切成 4 等份至 8 等份。煸炒后再炖，甜味会更浓郁。

芜菁

与萝卜相同，水分含量较高。炖煮时容易破散，可以对半切或切成 4 等份，如果想让出水量更多就切成薄片。

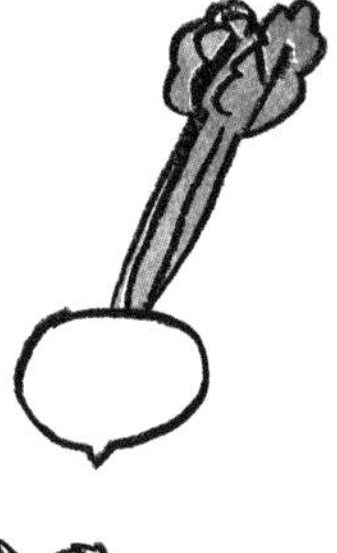

萝卜

出水较多的蔬菜。去皮切成厚片，也可随意切成小块，更容易入味。不需要过水焯。先煸炒再炖煮，味道更鲜美。

莲藕

去皮，切成圆片或随意切碎，随意切碎会充分入味。

土豆、胡萝卜

根据具体炖煮时间，可以将其随意切碎或切成小块，个头小的土豆可以不用去皮直接放入锅内炖煮，因为土豆容易炖烂，炖煮时可以将其放在食材最上层。

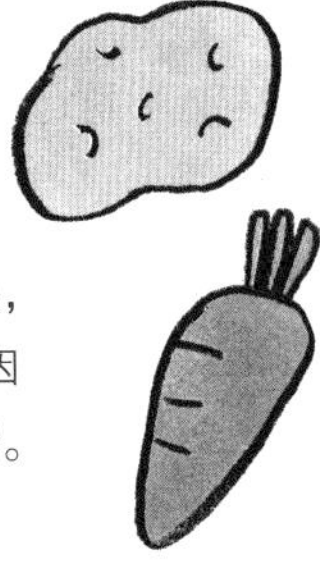

鱼类

容易炖煮出汤汁的贝类是无水烹调的常用食材。
炖煮鱼类时间稍长肉质就会变硬，只需稍微加热即可。

蛤蜊

与擅长锁住食材鲜味的 staub 很搭。本书中介绍了一道与鱼类一起烹调的菜谱——“无水炖鱼”（p82）。

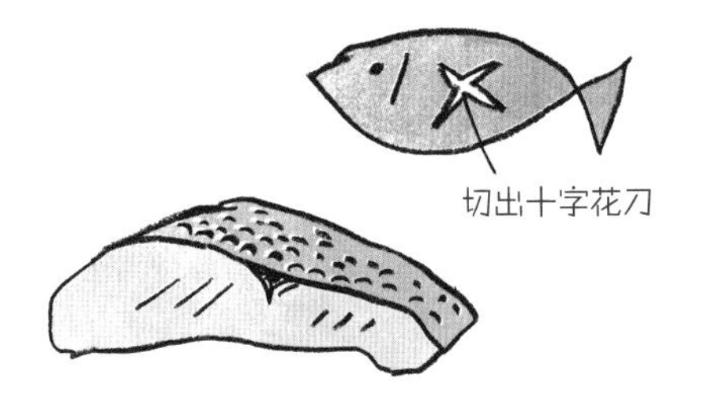

鱼

稍微一蒸，就可以做出鲜嫩多汁的鱼料理。鱼段特别容易熟，简单烹调一下即可，降低了鱼料理的烹调门槛。如果烹调整条鱼，需要在鱼身上切出十字花刀，这样更容易熟透。

肉

无水烹调做出的肉更加软烂，更加鲜嫩多汁。
肉的切法也会影响肉的味道。

鸡腿肉

这一部位的肉脂肪含量适中，非常适合烹调。短时间烹调后味道非常鲜美，稍微延长炖煮时间就会变得格外软烂，但如果炖煮时间过长，鸡肉会过于软烂。做咖喱饭时，可以把鸡肉切成适口大小，这样鸡肉的鲜味更容易溶入汤汁中。

鸡胸肉

脂肪含量较少，做出的鸡肉口感偏柴，利用余热烹调可以让肉变得格外软烂。如果炖煮时间过长，鸡肉口感会变柴，可以把鸡肉切成细长条或敲打成薄片状，这样可以缩短加热时间。

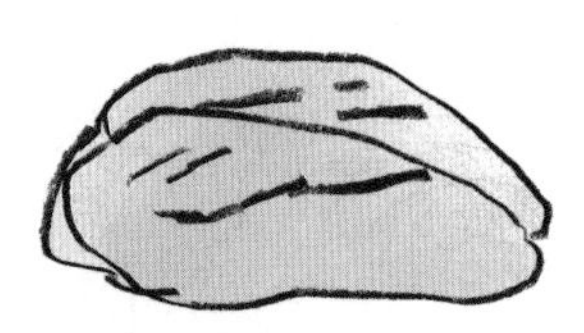

切成细长条

敲打成薄片状

鸡翅

带骨的鸡翅鲜味特别浓郁，非常适合长时间炖煮。利用余热将鸡肉煮至用筷子一夹就会脱骨的软烂程度。

猪肩颈肉、猪五花肉

整块肉适合大块烹调，这样可以把肉的鲜味锁住，做好的肉更鲜嫩。烹调需要将猪肉鲜味渗入到汤汁的咖喱饭或炖菜时，需把肉切成适口大小。

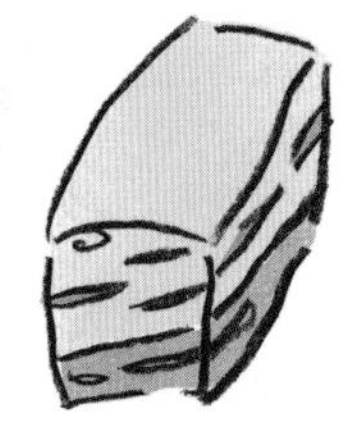

做咖喱、炖菜时切成适口大小

调味料

油、盐是烹调料理的必备调料。这两样调料的选用决定着整道菜的味道，一定要挑选优质的产品。

油

想要烹调出香味浓郁的料理时须选用特级初榨橄榄油；需要加热烹调时选用纯橄榄油；不想让菜品沾上油的香味或制作点心时选用初榨菜籽油；如果想制作中华风的料理，可以加一点点芝麻油；想要增加菜品的香味和浓醇时，可以加入适量黄油。

生食用
装饰用

特级初榨橄榄油

加热用

纯橄榄油

中华风

芝麻油

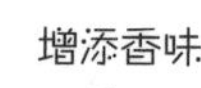

黄油

两种均可

猪排骨

带骨的猪排越炖越软烂，炖煮至充分入味，非常受男性食客欢迎。

牛胸肉、牛腩

这一部位的牛肉适合烹调炖牛肉之类的料理。如果想让鲜味渗入汤汁中，可以将牛肉切成适口大小。需要长时间炖煮，如果留出足够的余热烹调时间，炖好的牛肉也将格外软烂。

猪腿肉

脂肪含量较低的肉容易做出口感较柴的料理，但是可以用staub慢火炖煮，也可以切成小块，裹上面衣炸熟后食用，味道非常棒。

牛筋肉

脂肪较多，肉腥味较浓，需要先焯一次水再炖，充分炖煮后，肉质软烂。

盐

我们家一直常备两种盐，一种是装入调味筒的天然海盐，一种是装饰用的粗天然海盐。本书中几乎所有料理都是用盐调味的，因此盐的分量非常重要，最重要的是在每天使用盐时，培养用盐的感觉，“撒这些盐就可以达到这种咸度了”。每种食材上都均匀撒上盐，这样入味更彻底，做好的料理也更美味。

可以单手撒入

装饰用

☞ 食谱中都标注了盐的用量，但是不同种类的盐其咸度不同，需自行调整。

☞ 石盐、湖盐咸度较高，需注意用量。

第 1 章　蔬菜类小菜

〖基础——蒸煮烹调〗

只用 staub 和盐做出原汁原味菜肴的基础烹调法。
蔬菜先煎再蒸，进一步浓缩甜味，保留蔬菜原有的鲜味。

staub RECIPE 1　煎蒸蔬菜

只用橄榄油、盐、胡椒，蔬菜就已经很可口了，
撒上研磨的黑胡椒，香味和风味更浓郁。

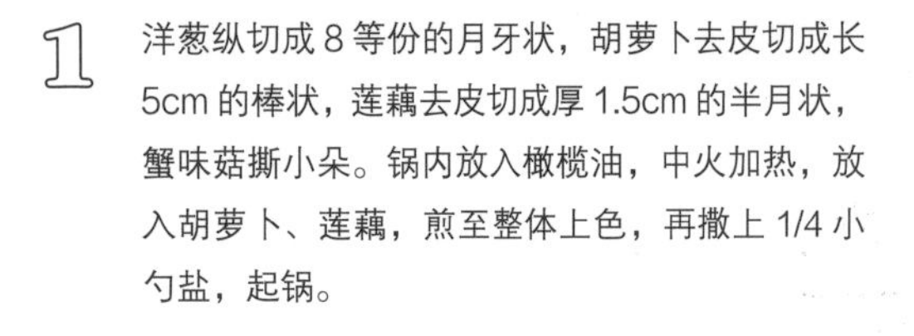

1 洋葱纵切成 8 等份的月牙状，胡萝卜去皮切成长 5cm 的棒状，莲藕去皮切成厚 1.5cm 的半月状，蟹味菇撕小朵。锅内放入橄榄油，中火加热，放入胡萝卜、莲藕，煎至整体上色，再撒上 1/4 小勺盐，起锅。

2 放入洋葱，先煎至两面上色，再将带有皮的一面朝下放置，撒上 1/4 小勺的盐。

【材料：4 人份】

洋葱……1 个
胡萝卜……1 根
莲藕……1 节
蟹味菇……1/2 盒（约 50g）
橄榄油……1 大勺
盐……1/2 小勺
黑胡椒……少许
百里香等香草……2 枝

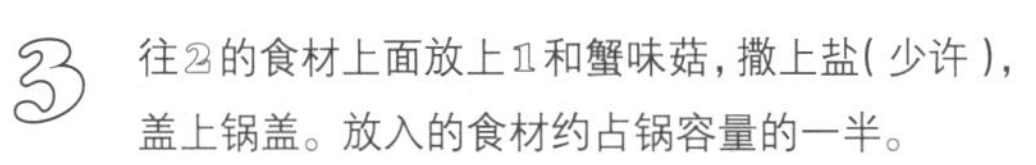

3 往②的食材上面放上①和蟹味菇，撒上盐(少许)，盖上锅盖。放入的食材约占锅容量的一半。

4 加热至锅盖缝隙处有蒸气时，转文火加热 10 分钟后关火，盖上锅盖放置至锅冷却(余热烹调)。装到容器内，研磨上黑胡椒，最后再装饰上香草(p20)。

staub RECIPE 1 煎蒸蔬菜

☞ p19 完成步骤 **3** 后，可以加入 1 大勺葡萄酒醋，味道也很棒。

staub RECIPE 2 蒸西蓝花

用清洗西蓝花时留下的水蒸煮，不会破坏营养价值。可以将西蓝花蒸得稍微硬一些，放入冰箱内保存，下次食用更方便。

staub 20cm

【材料：1 簇份】

西蓝花……1 簇

1. 西蓝花撕成小朵，洗净。
2. 将刚刚洗净的西蓝花放入锅内，盖上锅盖，中火加热 5 分钟。
3. 听到“滋滋”声后打开锅盖，关火搅拌，将底部西蓝花翻至上面，盖上锅盖焖 5 分钟（余热烹调），如果西蓝花还比较硬，可以延长焖的时间。

☞ 完全熟透、煎至上色后味道更赞。

staub RECIPE 3 黑芝麻拌豆角

小尺寸的 staub 加热更快，适合短时间烹调和制作便当小菜。可以通过余热烹调调整食材的熟度。

【材料：2 人份】

豆角……………………… 20 根
黑芝麻碎…………………2 大勺
酱油………………………1 大勺
砂糖……………………… 1/2 小勺

1. 豆角去筋，对切开。黑芝麻碎、酱油、砂糖混合备用。
2. 锅内放入洗净的豆角，盖上锅盖，中火加热 3 分钟。
3. 稍微搅拌一下，关火。盖上锅盖焖2分钟（余热烹调）。焖熟后，加入1混合好的调料，如果豆角未蒸软，可以延长余热烹调的时间。

☞ 如果蒸煮菜量较少，推荐使用直径 14cm 的小锅。

staub RECIPE 4

蒸土豆

土豆分量一般是锅容量的一半或 7 ~ 8 分满，量少蒸气出不来，量大难熟透，因此一定要把握好食材用量。

【材料：2 ~ 4 人份】

土豆……4 个

橄榄油……1 大勺

盐……1/2 小勺

1 土豆去皮，切成3cm的小块，用水冲洗。锅内放入橄榄油，加入沥干水分的土豆，撒上盐，稍微搅拌一下。

2 盖上锅盖开中火加热，加热至锅盖缝隙开始往外冒蒸气时，再稍微搅拌一下，盖上锅盖用小火继续加热10分钟。

☞ 蒸煮土豆、南瓜或红薯，用小火加热前需稍微搅拌一下，防止粘锅。

3 用木铲能碾碎上层的土豆，说明土豆已熟透，可以稍微搅拌后关火，盖上锅盖焖10分钟（余热烹调）。

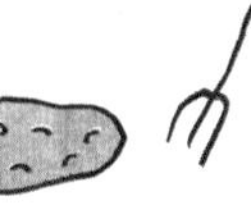

staub RECIPE 5 豆腐渣土豆沙拉

可以当配菜，也可以当下酒菜。

【材料：4 人份】

蒸土豆（p22）……200g
生豆腐渣……50g
豆乳蛋黄酱……2 ～ 3 大勺
黄瓜……1/2 根
胡萝卜……1/8 根

1 黄瓜切成薄薄的圆片，撒上盐（少许）放置片刻，出水后沥干水分。胡萝卜切成丝。

2 所有材料混合均匀，最后撒上盐、黑胡椒（各少许）调味。

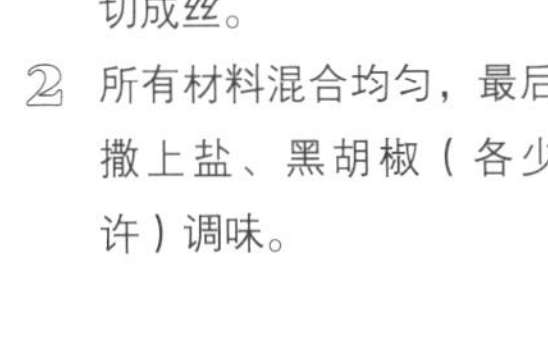

豆乳蛋黄酱

刚做好的蛋黄酱有一股柔和的酸味。

【材料：适量】

原味豆乳……50mL
醋……20mL
盐……1/2 小勺
赤砂糖……2 小勺
橄榄油……100mL

1 将所有材料放入碗内，用搅拌棒或料理机搅打成泥状。

staub RECIPE 6 黄油炒茼蒿蘑菇

黄油代替橄榄油，最后再撒上蒜末。
加入培根，就成了一道味道丰富的小菜了。

【材料：2人份】

茼蒿……1束
蟹味菇……1盒（约100g）
含盐黄油……15g
盐……1/4小勺
胡椒……少许

1. 切去茼蒿2cm根部，然后切成3等份。蟹味菇撕碎。
2. 茼蒿过水后直接放入锅内，盖上锅盖开中火加热3分钟。打开锅盖，装出变软的茼蒿。
3. 迅速洗一下2的锅，擦干水分，开中火加热。
4. 放入黄油，熔化后加入蟹味菇和挤干水分的2（小心烫手），盖上锅盖。加热至锅盖缝隙处有蒸气时，撒入盐、胡椒，充分搅拌均匀。

staub RECIPE 7 大葱芥末泡菜

用staub做出的大葱非常甜。
煎至大葱上色后蒸煮，味道更佳。可以当作咖喱饭的小菜。

【材料：4人份】

大葱……3根
颗粒芥末酱……2小勺
白葡萄酒醋……2小勺
橄榄油……1大勺
盐……1/4小勺
胡椒……少许

1. 大葱切成长5cm的小段。
2. 锅内加入橄榄油，开中火加热，1放入锅内，煎至两面上色后，撒上盐，装盘。
3. 所有大葱段再放回锅内，淋上白葡萄酒醋。加热至锅盖缝隙开始往外冒蒸气时，转小火加热3分钟。关火，盖上锅盖焖5分钟（余热烹调）。
4. 撒上颗粒芥末酱、胡椒，搅拌均匀。

staub RECIPE **8**

番茄洋葱酱汁

整个煮熟的番茄，配上浓稠美味的酱汁。造型美观，用来招待客人，一定很受欢迎。可以连 staub 一并端上餐桌。

【材料：4 人份】

洋葱……1 个

大蒜……1 瓣

番茄……4 个（稍小）

橄榄油……1 大勺

盐……1/2 小勺

罗勒叶……3 片

特级初榨橄榄油……1 大勺

黑胡椒……少许

1. 洋葱、大蒜切成碎末，番茄去蒂，长叶蒂的一端切出十字花刀，切至番茄一半的深度ⓐ，另一端切出浅浅的十字花刀。
2. 锅内放入橄榄油，开中火加热，然后加入大蒜、洋葱炒软，放入番茄，叶蒂一端朝下放置，盖上锅盖。
3. 待锅盖缝隙开始往外冒蒸气时，改用文火加热5分钟。打开锅盖，给番茄去皮ⓑ，撒上盐，再盖上锅盖开中火加热。
4. 再次加热至锅盖缝隙开始往外冒蒸气时，关火，盖上锅盖焖5分钟（余热烹调）。盛出番茄装盘。
5. 制作酱汁。开中火加热锅内葱蒜末，用盐（少许）调味。盛到容器内，将4的番茄放到上面，撒上罗勒叶，最后淋上特级初榨橄榄油，研磨上黑胡椒。

☞ 利用番茄自身水分蒸煮烹调，搭配鲜美的洋葱酱汁食用，也可搭配长面包或咸饼干。

staub RECIPE 9 卷心菜炒沙丁鱼

卷心菜的甜味、小沙丁鱼的咸味和红辣椒的辣味相互调合。
用最简单的食材做出不简单的味道。

【材料：4 人份】

卷心菜……400g（约 1/4 个）
大蒜……2 瓣
红辣椒……1 个
水菜……1 根
橄榄油……1 大勺
小沙丁鱼……30g
盐……1/2 小勺
盐、胡椒……各少许

1. 卷心菜切成适口大小，大蒜切碎末，红辣椒切小圈，水菜切长3cm的小段。
2. 锅内放入橄榄油，加入红辣椒、大蒜开小火加热，煸炒出香味后放入小沙丁鱼，开中火后再加入卷心菜，撒上盐。整体搅拌均匀后，盖上锅盖用中火加热3分钟。
3. 打开锅盖搅拌，如果卷心菜未蒸软，可以关火用余热焖5分钟。
4. 加入盐、胡椒调味，盛到容器内，稍微冷却一下，再放上水菜。

用 staub 炒菜

炒菜时要想蔬菜不出水，需要持续用中火加热。炒制过程中无须多次翻拌，非常省力。如果要与意大利面搭配食用，可以稍微煸炒一下卷心菜，然后盖上锅盖，待锅盖缝隙处有蒸气时，改用文火加热，这样蔬菜可以蒸出水分，能更好地与面融合。

〖应用——蒸煮烹调〗

一般小菜烹调的秘诀就是不加水，没有必要额外添加清汤或日式高汤。
可以吃到各种各样的蔬菜。

staub RECIPE 10 无水浓汤

浓汤也可以无水炖煮。凝聚了蔬菜、肉类鲜味的浓汤，可以用于各类料理的烹调。

【材料：3～4人份】

洋葱……2个
胡萝卜……1根
小土豆……2个
（选用不容易煮碎的品种）
卷心菜……1/4个
蟹味菇……1盒（约100g）
番茄……2个
鸡翅……6个
香肠……6根
月桂叶……2片（可不加）
橄榄油……1大勺
盐①……1/2小勺
盐②……1/2小勺
盐、胡椒……各少许

1. 洋葱、土豆、卷心菜切成4等份，胡萝卜随意切成小块，蟹味菇撕碎，番茄切成8等份，鸡翅撒上盐①。
2. 锅内倒入橄榄油，然后放入鸡翅、香肠，缝隙处塞满蔬菜，撒上盐②，再放上月桂叶ⓐ，盖上锅盖开中火加热。
3. 待锅盖缝隙处开始往外冒蒸气时，改用文火继续加热40分钟。
4. 煮出汤汁后ⓑ，关火。用铲子压一压锅内的食材，盖上锅盖焖至冷却（余热烹调）。食用前加热一下，最后撒上盐、胡椒调味。

煮不出汤汁是因为未加热出足够的蒸气，可以再次开中火加热，待锅盖缝隙开始往外冒蒸气时，用小火炖煮就可以煮出汤汁。焖至冷却（余热烹调），可以煮出更多的汤汁。

staub

稍作改良
开发新品

staub RECIPE 11 咖喱浓汤

加入咖喱粉，轻松制作美味咖喱饭。

【材料：1 人份】

咖喱粉……2 小勺
黄油……30g
面粉……2 小勺
浓汤（p30）……100mL
浓汤配菜（p30）……个人喜好

1. 碗内放入熔化的黄油、咖喱粉、面粉，充分搅拌均匀。
2. 将浓汤配菜切成合适大小，放入汤汁内，稍微加热。然后加入1，加热至汤汁浓稠。

稍作改良
开发新品

staub RECIPE 12 面包浓汤

由韧劲十足的长面包做成的美味的意大利风味面包浓汤。

【材料：1 人份】

番茄……1 个
豆角……5 根
浓汤配菜（p30）……个人喜好
浓汤（p30）……100mL
长面包……2 段
帕尔玛奶酪……少许

1. 番茄、豆角切成长1cm的小块。锅内放入番茄、豆角、浓汤配菜、浓汤和切成小块的长面包，煮至软烂。最后撒上帕尔玛奶酪。

staub RECIPE 13 法式炖菜

锅内放入夏季的蔬菜，蒸煮一段时间。冷却之后，也很美味哦。

【材料：4人份】

洋葱……1/2个
胡萝卜……1/2根
芹菜……1/2根
茄子……2根
红色灯笼椒……1/2个
大蒜……1瓣
番茄酱……1袋（约18g）
罗勒叶……3片
橄榄油……1大勺
盐……1/2小勺
胡椒……少许

1 洋葱、胡萝卜、芹菜切成长2cm的小段，茄子、灯笼椒切成3cm的小块，大蒜对切开，然后用刀轻轻压碎。

2 锅内放入大蒜和橄榄油，开小火煸炒出香味，然后改用中火，加入洋葱、胡萝卜、芹菜翻炒。炒软后加入茄子和灯笼椒，稍微翻炒至表面都裹上油，再倒入番茄酱。撒上盐，搅拌均匀后盖上锅盖。

3 待锅盖缝隙开始往外冒蒸气时，改用文火继续加热10分钟。撒上盐、胡椒，盖上锅盖焖5分钟（余热烹调）。最后撒上罗勒叶。

☞ 新鲜番茄水分较多，如果不需要过多的汤汁，建议使用番茄酱代替。
☞ 可以根据个人喜好，冷却后再重新加热食用。

staub RECIPE **14**

白焗芜菁

staub RECIPE **15**

南瓜洋葱浓汤

staub
RECIPE
16
无水卷心菜卷

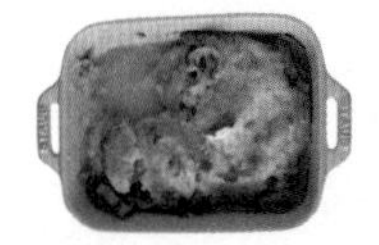

staub RECIPE **14**

白焗芜菁

芜菁与豆乳打成糊状浇到蔬菜上，再撒上奶酪，放入烤箱内烤。也可以将打好的糊与米饭搭配，做成一道简单的肉汁烩饭。

staub 20cm

【材料：20cm×16cm 焗饭盘　1 个份】

洋葱……1/2 个
芜菁（制糊用）……2 个
（炒菜用）……1 个
莲藕……1 节
杏鲍菇……1 盒
橄榄油……1 大勺
原味豆乳……约 25mL
盐……1/2 小勺
黄油……1 大勺
比萨专用奶酪……30g
盐、胡椒……各少许

1. 刀与洋葱纤维呈直角切成薄片。芜菁洗净，制糊用芜菁带皮切成薄片，炒菜用芜菁切成适口大小。莲藕、杏鲍菇切成适口大小。
2. 锅内放入橄榄油，开中火加热，放入洋葱稍微煸炒一下，然后加入制糊用的芜菁，撒上盐，盖上锅盖用文火加热10分钟。关火，保持紧闭10分钟（余热烹调）。蔬菜变软后倒入豆乳，然后用搅拌棒搅打成光滑的糊状。
3. 平底锅内放入黄油，油热后再放入莲藕、杏鲍菇、炒菜用芜菁，充分翻炒，然后撒上盐、胡椒，放入焗饭盘内。
4. 倒入2ⓐ（左），然后撒上比萨用奶酪，放入烤箱190℃烤20分钟，烤至奶酪变成金黄色。

☞ 放入制糊用芜菁后盖上锅盖，一开始就用小火加热，汤汁会变成乳白色。

staub RECIPE **15**

南瓜洋葱浓汤

可以用芜菁、卷心菜、胡萝卜、红薯、洋葱等多种蔬菜烹调。注意豆乳不要放太多，以免产生豆腥味。

staub 20cm

【材料：4 人份】

南瓜……1/4 个（约 300g）
洋葱……2 个
橄榄油……1 大勺
盐……1 小勺
原味豆乳……450 ～ 550mL
盐、胡椒……各少许

1. 南瓜去皮切成薄片，刀与洋葱纤维呈直角切薄片。
2. 锅内放入橄榄油，开中火加热，放入洋葱稍微翻炒一下。加入南瓜，撒上盐，整体搅拌均匀ⓐ（右）。盖上锅盖，加热至锅盖缝隙开始往外冒蒸气时，改用文火继续加热10分钟，南瓜变软后关火，盖上锅盖焖10分钟（余热烹调）。
3. 将2倒入料理机内，倒入豆乳搅打成糊ⓑ。南瓜糊加热后会变浓稠，需一点点倒入豆浆使南瓜糊变稀。
4. 将3倒回锅内，再加入盐、胡椒调味。沸腾后豆乳会水乳分离，因此用中火加热至冒蒸气即可，其间需要不停搅拌。盛到容器内，可以根据个人喜好撒上黑胡椒、淋上橄榄油。

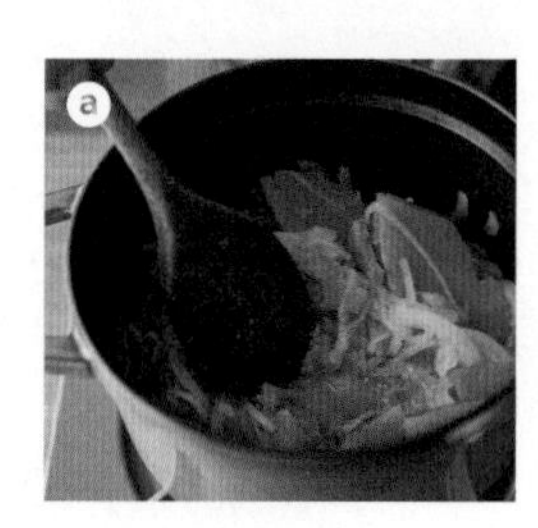

☞ 食材混合豆乳后不易保存，每次只取需要的分量加热即可。

staub RECIPE **16**

无水卷心菜卷

卷心菜卷也可以无水烹调。加热后充分冷却，然后再炖煮，口感更软烂。加入番茄丁，就成了番茄口味的卷心菜卷了。

【材料：4 人份】

卷心菜叶……4 片
洋葱……2 个
金针菇……1 盒（约 200g）
卷心菜卷的馅料
　猪肉馅……400g
　嫩豆腐……150g
　土豆淀粉……1 大勺
　盐……1/2 小勺
橄榄油……1 大勺
盐……1/2 小勺
盐、胡椒……各少许

1. 卷心菜叶浸泡到水里后重叠放到锅内，盖上锅盖蒸5分钟，翻面，盖上锅盖再蒸5分钟，蒸至菜叶变软ⓐ。夹出冷却，切掉菜筋部位。
2. 洋葱纵向切成6等份或8等份的月牙状，金针菇切成两段后撕碎。
3. 盆内放入猪肉馅和盐，搅拌均匀，然后加入嫩豆腐、土豆淀粉，继续搅拌。馅料分成4等份，并放入切掉的菜筋，分别用1的4片菜叶包裹住ⓑ。
4. 往锅内倒入橄榄油，将3开口处朝下放入锅内，再放入洋葱和金针菇ⓒ，撒上盐，盖上锅盖开中火加热。
5. 加热至缝隙开始往外冒蒸气时，改用文火加热40分钟，关火。用铲子按压卷心菜卷，使之充分浸泡到汤汁内，保持紧闭焖至冷却（余热烹调）。食用前再加热一下，最后加入盐、胡椒调味。

☞ 如果想让卷心菜口感更软烂，可以在步骤5冷却后，再继续用小火加热5分钟。

☞ 嫩豆腐不需要沥水。

staub RECIPE 17 猪肉白菜千层锅

吸满了猪肉的鲜味和油豆腐的油脂，白菜格外鲜香多汁。
也可以蘸柚子胡椒、芥末食用。

staub 20cm

【材料：2～3人份】

白菜……1/4颗
猪五花肉片……200g
油豆腐……2块
盐……1小勺
柚子皮……1个份
小香葱……少许

1. 油豆腐用热水烫去表面的油脂，再用厨房纸巾吸除表面水分。白菜洗净后沥干水分。
2. 白菜叶间交错叠放猪五花肉片和油豆腐ⓐ。
3. 取出白菜心，用刀将白菜纵切成两半，然后再将菜筋端横向切成4等份。切口朝上将白菜紧密的摆放在锅内ⓑⓒⓓ。最后在缝隙处塞入白菜心。
4. 撒上盐，盖上锅盖开中火加热。
5. 加热至锅盖缝隙开始往外冒蒸气时，改用文火加热30分钟，然后保持紧闭焖30分钟（余热烹调）。食用前稍微加热一下，再放上擦成丝的柚子皮和切碎的小香葱。

STAUB

staub RECIPE **18** 豆乳生姜炖肉汤

味噌搭配豆乳，浓醇的口感很像奶油炖菜。即使不喜欢喝豆乳的人也会爱上这道菜。可用少许生姜做点缀。

【材料：4～6人份】

大葱……1根

牛蒡……1/2根

胡萝卜……1根

萝卜……1/8根

土豆……2个

白菜……1/4个

金针菇……1/2盒（约100g）

蟹味菇……1/2盒（约50g）

生姜……20g

猪肉馅……200g

原味豆乳……500mL

味噌……2大勺

橄榄油……1大勺

盐①……1小勺

盐②……1/2小勺

1 大葱、牛蒡切成长1cm的小段，胡萝卜、萝卜切成薄片，土豆、白菜切成2cm的小块，金针菇切两段后再撕成小朵，蟹味菇撕成小朵，生姜切末。

2 锅内放入橄榄油，开中火加热，放入大葱、牛蒡、胡萝卜、肉馅煸炒ⓐ。撒上盐①，再放入金针菇、蟹味菇、萝卜、土豆、白菜ⓑ。撒上盐②，盖上锅盖蒸煮。

3 加热至锅盖缝隙开始往外冒蒸气时，改用文火加热40分钟。关火，保持紧闭焖至冷却（余热烹调）。

4 煮出汤汁后ⓒ加入生姜，倒入豆乳，开中火加热。最后加入味噌、盐（少许）调味。

☞ 沸腾后豆乳会水乳分离，稍微加热一下即可。

☞ 食材混合豆乳后不易保存，每次只取需要的分量加热即可。

日式腌茄子金针菇

用 staub 只需少量油就可以把茄子煮软烂。夏天可以搭配素面或凉面食用。

staub 20cm

【材料：2 人份】

茄子……2 条
金针菇……1 盒（约 200g）
生姜……10g
野姜……3 根
橄榄油……1 大勺
黑醋……2 大勺
酱油……2 小勺
盐……1/2 小勺

1. 茄子表皮切成菱形网格状，然后再切成小块。生姜切碎末。野姜切丝。金针菇撕碎。
2. 锅内倒入橄榄油和生姜，开小火加热，炒出香味后加入茄子，再改用中火充分煸炒。加入金针菇，撒上盐，搅拌均匀后盖上锅盖，改用文火加热10分钟。
3. 关火，稍微搅拌，盖上锅盖焖5分钟（余热烹调）。淋上黑醋、酱油，搅拌均匀后盛到容器内。最后放上野姜丝。

staub RECIPE 20 肉末萝卜

用茄子、冬瓜等时令蔬菜试试。换一种蔬菜，或者将猪肉换成鸡肉，做出来的料理都非常好吃。

staub 20cm

【材料：2 人份】

萝卜……1/2 根
猪肉馅……200g
酱油……2 大勺
甜料酒……2 大勺
水淀粉
　土豆淀粉……1 大勺
　水……2 大勺
鸭儿芹……少许
盐……少许

1. 萝卜去皮切小块。
2. 锅内倒入酱油、甜料酒，开中火加热，煮沸后加入肉馅搅拌。待肉馅熟透变成颗粒状后放入萝卜，稍微搅拌后盖上锅盖。加热至锅盖缝隙开始往外冒蒸气时，改用文火加热20分钟。关火，稍微搅拌后盖上锅盖焖至冷却（余热烹调）。
3. 再次开中火加热，加入少许盐调味，再淋上水淀粉勾芡。盛到容器内，装饰上鸭儿芹。

虽不是无水料理，但staub十分适合用来烹煮豆类！

豆类料理

staub十分适合用来煮豆类。
下面介绍三种豆类的煮法和豆类料理的做法。

staub RECIPE 21 水煮黄豆

与鹰嘴豆、白芸豆等豆类水煮方法相同。干豆子需先泡发再煮。

【材料：适量】

黄豆（干燥）……300g

泡发方法

1 将黄豆放入锅内，倒入相当于黄豆3倍的水，浸泡8小时ⓐ。如果豆子浸泡时间超过24小时就会变硬。如果需要让黄豆快速泡发，可以使用温水。

2 浸泡在水中用中火加热ⓑ，沸腾后盖上锅盖改用文火煮40分钟。关火，保持紧闭焖至冷却（余热烹调）。

☞ 如果想将黄豆煮得更加软烂，可以延长蒸煮时间。

☞ 冷却后连同汤汁一并倒入保鲜袋内，放入冰箱冷冻，可保存2～3周。

稍作改良
开发新品

staub RECIPE 22 墨西哥风味米饭

加入大量的肉类、蔬菜、黄豆，口感丰富。最后撒上香料。

【材料：4人份】

水煮黄豆……100g
猪肉馅……300g
洋葱……1个
莲藕……1节
辣椒粉……1小勺
番茄酱……2大勺
辣酱油……1大勺
橄榄油……1小勺
盐……1/2小勺
比萨专用奶酪……20g
番茄丁……1个份
生菜丝……1/4个份
牛油果丁……1个份
米饭……4碗

稍作改良
开发新品

staub RECIPE 23 五目豆

加入大量蔬菜和泡发的黄豆一起煮。不再加水，食材入味更充分。最后撒上香料。

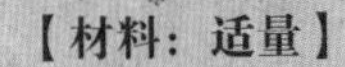

【材料：适量】

水煮黄豆……300g
牛蒡……1/2 根
胡萝卜……1 根
魔芋……1/2 块
干香菇……3 朵
橄榄油……2 小勺
酱油……2 大勺
甜料酒……2 大勺
盐……1/2 小勺

1. 干香菇放入水里泡发，泡发的香菇、牛蒡、胡萝卜、魔芋切成1cm见方的小丁。
2. 锅内放入橄榄油，开中火加热，加入牛蒡、胡萝卜翻炒，再加入香菇、魔芋、黄豆，倒上酱油、甜料酒，撒上盐，轻轻翻炒均匀后，盖上锅盖。
3. 加热至锅盖缝隙往外冒蒸气时，改用文火加热15分钟。关火，搅拌均匀，保持紧闭焖至冷却（余热烹调）。

1. 洋葱切碎，莲藕切成1cm的小丁，50g水煮黄豆切碎。
2. 锅内倒入橄榄油，开中火加热，放入洋葱煸炒，再加入猪肉馅和辣椒粉翻炒至颗粒状。然后加入莲藕翻炒，再加入50g黄豆和盐翻炒均匀。倒入番茄酱、辣酱油，收汁。
3. 米饭盛到容器内，再将2盛到米饭上。最后撒上奶酪、番茄丁、生菜丝、牛油果丁和辣椒粉（少许）。

staub RECIPE

24 煮黑豆

煮好的黑豆富有光泽、饱满软烂。
加入黑糖，味道更佳。

【材料：适量】

黑豆……200g
黑糖……150g
小苏打……1/2 小勺

1. 锅内倒入800mL水、50g黑糖、小苏打，搅拌均匀后开中火加热。加热至40℃左右，加入洗净的黑豆，浸泡4小时～1晚ⓐ。
2. 不盖锅盖开中火加热，煮沸后撇去浮沫ⓑ，盖上锅盖用文火煮1小时。
3. 加入50g黑糖，搅拌均匀，改用中火加热。刚刚沸腾时盖上锅盖，改用文火继续加热20分钟。黑豆浮上水面时，需要再倒入100mL的温水和50g黑糖，搅拌均匀，用中火加热至沸腾后，盖上锅盖用文火煮20分钟。
4. 关火，保持紧闭焖至冷却（余热烹调）。
5. 倒入保鲜袋内放在冰箱内冷藏一晚上ⓒ。冷藏2～3日后食用，味道更佳。

a

b

c

☞ 蒸煮温度不能急剧变化，密闭加热过程中，不要频繁地打开锅盖翻动黑豆，这样就可以煮出饱满、光滑的黑豆。

☞ 可冷藏保存 4 ～ 5 天。连同汤汁一并装入保鲜袋内冷冻，可保存 1 个月左右。使用前需先放入冰箱内冷藏解冻。

☞ 建议步骤 1 可在前一天晚上完成，第二天早晨即可接着煮黑豆；或早晨完成步骤 1，下午继续煮黑豆。

staub RECIPE **25**

红豆馅

利用 staub 的余热，可轻松煮好红豆馅。为了缩短收汁的时间，需要沥干煮红豆的水。

【材料：适量】

红豆……250g

赤砂糖……180g

盐……1 小撮

1. 锅内倒入红豆和相当于红豆3倍的水，不盖锅盖，用中火煮ⓐ。
2. 煮沸后盖上锅盖改用小火煮30分钟。如果水变得太少，需倒入水，直至没过红豆为止。开中火煮沸，关火，盖上锅盖焖45分钟（余热烹调）。
3. 红豆煮到皮破软后ⓑ用笊篱捞出，沥干水分。
4. 将红豆倒入洗净的锅内，开中火加热，先加入60g赤砂糖，搅拌均匀，待完全溶化，再分两次加入剩余的赤砂糖ⓒ。加入盐搅拌均匀。用木铲沿着锅底推动，如果可以看见锅底就说明收汁完成ⓓ。

☞ 自制红豆馅比市售的红豆馅更软糯，但冷却后会变硬。

☞ 红豆煮软后再加入赤砂糖。如果提前加入赤砂糖，无论煮多久豆子都不会变软。

☞ 分成小份，裹上保鲜膜装入保鲜袋内，放入冰箱冷冻可保存 1 个月。

第2章　肉类与鱼类料理

〖鸡肉〗

只需把食材放入锅内炖熟即可。鸡腿肉和鸡胸肉像被 staub 锅施了魔法，变得格外好吃。大家可以放入时令蔬菜一起炖煮。

staub RECIPE 26 无水炖鸡肉

该加什么调料呢？只需加点盐就可以了。做法就是这么简单。
鸡肉软烂、蔬菜鲜香，吃上一口，让人不禁露出满意的微笑。

1 洋葱去皮，纵切成4～6等份的月牙状。蟹味菇撕成小朵。鸡腿肉两面都撒上盐①。鸡肉充分入味后再炖煮更美味。

2 锅内倒入橄榄油，开中火加热，放入洋葱。煎至两面上色后外侧朝下放置，缩小洋葱与锅的接触面积，防止焦煳。

【材料：4 人份】

鸡腿肉……2 块

洋葱……1 大个

蟹味菇……1 盒（约 100g）

橄榄油……1 大勺

盐①……1½ 小勺

盐②……少许

盐、胡椒……各少许

3 放入鸡肉，再铺上蟹味菇（也可以放入其他自己喜欢的蔬菜），撒上盐②，盖上锅盖。

4 锅盖缝隙开始往外冒蒸气时，改用文火继续加热40分钟～1小时。煮到汤汁呈金黄色时，关火，保持锅盖紧闭焖至冷却（余热烹调）。食用前再加热一下，撒上盐、胡椒调味。

☞ 关火后还需用余热烹调，因此需要预留出足够的烹调时间。建议大家可以早晨炖煮后冷却，等晚上加热一下再食用。但是，如果是气温炎热的盛夏就不建议这么做了。

☞ 胡萝卜、土豆这类食材容易炖烂变碎，炖煮时可以放到鸡肉上面，这样就不易炖碎。

staub RECIPE **26** 无水炖鸡肉

☞ 菌菇与洋葱水分含量高，即使不加水也能煮出大量汤汁。汤汁特别美味，可以再加入其他配料做成不同的美味浓汤。根据加入肉类和蔬菜的不同，可以变出很多花样。

换种蔬菜
再试试吧

换了食材，但做法基本大同小异，试着加入自己喜欢的蔬菜吧！

staub RECIPE 27 香料茄子红薯炖鸡肉

如果吃腻了放盐的鸡肉，可以改用香料，做成咖喱汤。

【4人份】

1. 茄子（2小根）、红薯（2小个）去皮，随意切成小块，用水冲洗。洋葱（1大个）纵切成4等份。
2. 锅内倒入橄榄油（1大勺），开中火加热，放入洋葱炒至上色。将用盐（约1½小勺）腌好的鸡腿肉（2块）放入锅内，再放上茄子与红薯。撒上自己喜欢的香料（姜黄、辣椒粉等共计2小勺）和盐（少许），盖上锅盖。
3. 加热至锅盖开始往外冒蒸气时，改用文火加热40分钟～1小时。搅拌均匀后盖上锅盖，关火，焖至冷却（余热烹调）。食用前再加热一下，撒上盐、胡椒（各少许）调味。

☞ 如果不介意菜色偏黑，茄子和红薯也可以不用去皮。

staub RECIPE 28 黑醋生姜炖鸡肉

加入黑醋，炖煮的鸡肉会变得特别软烂。

【4人份】

1. 生姜（10g）去皮切薄片，洋葱（1大个）纵切成4等份，胡萝卜（1根）随意切成小块。
2. 锅内倒入橄榄油（1大勺），开中火加热，放入洋葱炒至上色。将用盐（约1½小勺）腌好的鸡腿肉（2块）放入锅内，再放上胡萝卜、撕成小朵的蟹味菇（1盒约100g）和生姜，再淋上黑醋（50mL），撒上盐（少许），盖上锅盖。
3. 加热至锅盖开始往外冒蒸气时，改用文火加热40分钟。搅拌均匀后盖上锅盖，关火，焖至冷却（余热烹调）。食用前再加热一下，撒上盐、胡椒（各少许）调味，还可以装饰上香菜。

staub RECIPE 29 番茄香草炖鸡肉

加入了水分含量高的番茄，即使是无水烹调的初学者也可以轻松制作。

【4人份】

1. 洋葱（1大个）纵切成4等份，番茄（1个）切成3cm的小块，土豆（2小个）洗净。
2. 锅内倒入橄榄油（1大勺），开中火加热，放入洋葱炒至上色。将用盐（约1½小勺）腌好的鸡肉放入锅内，再放上番茄、土豆、个人喜欢的香草（百里香、迷迭香等共2枝）。撒上盐（少许），盖上锅盖。
3. 加热至锅盖开始往外冒蒸气时，改用文火加热40分钟～1小时。搅拌均匀后盖上锅盖，关火，焖至冷却（余热烹调）。食用前再加热一下，撒上盐、胡椒（各少许）调味。

胡萝卜牛蒡照烧鸡肉卷

只需加入调料炖煮就可以做成照烧风味的鸡肉。
适用于年夜饭或其他各类宴席。

【材料：4 人份】

鸡腿肉……2 块
胡萝卜……1/2 根（稍细）
牛蒡……1 根（稍粗）
酱油……2 大勺
甜料酒……2 大勺
盐①……1/2 小勺

菌菇香草西式鸡肉卷

加入大蒜和香草，一盘散发着诱人香味的鸡肉卷。也可以加入其他适合卷的蔬菜。

【材料：4 人份】

鸡腿肉……2 块
洋葱……1 个
大蒜……1 瓣
蟹味菇……1 盒（约 100g）
迷迭香……1 枝
盐①……1½ 小勺
盐②……少许
橄榄油……1 大勺

1 将鸡腿肉改刀成厚度一致的鸡肉片。撒上盐①。

2 ▶照烧鸡肉卷………胡萝卜与牛蒡切成4根适合鸡肉片宽度的长段。胡萝卜与牛蒡交错放置，截面呈红白相间的方格图案，放到1的鸡肉上卷成卷。用1根牙签固定中央，再用2根分别固定左右两侧a（也可以用风筝线捆绑）。卷成2个鸡肉卷，放入已经倒入酱油和甜料酒的锅内，盖上锅盖，开中火加热。

▶西式鸡肉卷………洋葱纵切成月牙状，大蒜切成薄片，蟹味菇撕成小朵。迷迭香、大蒜、蟹味菇放到1上，卷起来，用3根牙签固定a。卷出2个鸡肉卷。锅内倒入橄榄油，开中火加热，放入鸡肉卷，煎至上色。周围放上洋葱，再撒上盐②，盖上锅盖。

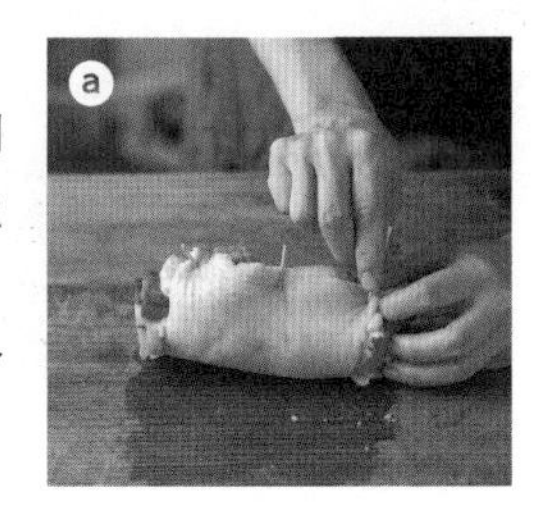

3 锅盖缝隙开始往外冒蒸气时，改用文火加热40分钟。关火，鸡肉卷翻面，盖上锅盖焖至锅冷却（余热烹调）。

☞ 鸡肉卷冷藏后更容易切开，食用前可以将切成片的鸡肉卷再放回汤汁内开火加热一下。

staub RECIPE 32 中式红烧排骨

选用不容易蒸煮出水的蔬菜做出味道浓郁的炖排骨。使用猪五花或猪里脊，做出的味道都很赞。

【材料：4 人份】

猪排骨……500g
大葱……1 根
莲藕……1 节
A
酱油……2 大勺
甜料酒……2 大勺
蜂蜜……2 小勺
醋……2 小勺
芝麻油……2 小勺
白芝麻……少许

1. 大葱切成长5cm的小段，莲藕随意切成小块，材料A混合备用。
2. 锅内倒入芝麻油，开中火加热，然后将排骨煎至两面上色，再加入大葱、莲藕翻炒，然后倒入材料A，搅拌均匀，盖上锅盖。
3. 加热至锅盖缝隙开始往外冒蒸气时，改用文火加热40分钟。关火，保持锅盖紧闭焖至锅冷却（余热烹调）。
4. 冷却后再开中火加热，锅盖缝隙开始往外冒蒸气时，再改用文火加热20分钟。打开锅盖，用小火加热收汁。盛到容器内，再撒上白芝麻。

☞ 烹调时间视猪肉大小而定，要想把肉炖软烂就按照“放置冷却→加热炖煮”的程序反复操作几次即可。

巧用汤汁

巧用无水炖鸡肉（p48）的汤汁做出新料理。

staub RECIPE 33 煮豆角

豆角不需要提前泡软，可以直接煮。煮至吸满汤汁。

【1人份】

1. 将洗净的豆角（2大勺）和无水炖鸡肉（p48）的汤汁（100mL）放入锅内，开中火加热。煮沸后改用文火，盖上锅盖加热20分钟。盛入容器内，再擦上帕尔玛奶酪（少许）。

staub RECIPE 34 洋葱浓汤

用鲜味浓郁的汤汁煮洋葱。

【1人份】

1. 刀与纤维呈直角将洋葱（1个）切成薄片。
2. 锅内倒入橄榄油（2小勺），开中火加热，然后放入洋葱翻炒，待洋葱变软后撒入盐（少许），再倒入无水炖鸡肉（p48）的汤汁（100mL），盖上锅盖。
3. 加热至锅盖缝隙处有蒸气时，改用文火加热10分钟，再用盐、胡椒（各少许）调味。盛入容器内，撒上奶酪，放入切成薄片烤至酥脆的长面包。

staub RECIPE 35 五谷肉汁烩饭

往汤汁内加入五种谷物煮熟，就成了好吃的五谷肉汁烩饭啦。

【1人份】

1. 将洗净的五种谷物（2大勺）、无水炖鸡肉（p48）的汤汁（100mL）、剩余的鸡肉放入锅内，开中火加热。煮沸后改用文火加热20分钟。盛入容器内，装饰上姜丝。

staub RECIPE 36 油烹鸡肉

staub RECIPE **36**

油烹鸡肉

原本很柴的鸡胸肉加入橄榄油炖更鲜嫩。还可以轻松变出新花样，家中可以常备。

【材料：适量】

鸡胸肉……2 块
橄榄油……50mL
盐……1 小勺

1. 将鸡胸肉纵切成3等份，撒上盐ⓐ。
2. 锅内倒入25mL橄榄油，将1摆放到锅内，然后再淋上25mL橄榄油ⓑ。盖上锅盖开中火加热。
3. 加热至锅盖缝隙开始往外冒蒸气时，改成文火，鸡肉翻面ⓒ。
4. 盖上锅盖，再用中火加热3分钟。鸡肉整体变成白色，锅内开始冒小气泡ⓓ，关火，盖上锅盖，焖至冷却（余热烹调）。放入平盘等容器上，裹上保鲜膜冷藏保存。

☞ 鸡胸肉纵切后更易蒸至熟透。放入冰箱冷藏，可保存2～3日。

稍作改良
开发新品

鸡肉松不加蛋黄酱，吃起来口感像金枪鱼沙拉。可以做成西式料理也可以做成日式料理。

staub RECIPE 37

鸡肉松

与米饭、面包都很搭。还可以做成蔬菜鸡肉松。

1 做好的油烹鸡肉（3条）切成小块，放入料理机内，倒入汤汁（2小勺）搅打成稍粗的碎粒。如果当天吃不完，可以做成蔬菜鸡肉松。

☞ 可以夹在三明治里，也可以与梅干、大葱一起放到豆腐上。

staub RECIPE 38

蔬菜鸡肉松

分成小份冷冻保存更方便。

1 锅内倒入酱油（2大勺）、甜料酒（2大勺），放入生姜末（1块份）、胡萝卜碎（1/8根份）、小香葱碎（2根份）、鸡肉松（油烹鸡肉3条份），收干汤汁。

☞ 拌入米饭内做成饭团。放入厚蛋烧内也非常好吃。

staub RECIPE 39 鸡肝泥

稍微加点酱油调味。不加鲜奶油，味道更清淡。可以涂到面包上或搭配烤苹果（p106）。

【材料：适量】

鸡肝……200g
洋葱……1 个
大蒜……1 瓣
橄榄油……1 大勺
红酒……1 大勺（或料酒）
酱油……2 小勺

1. 鸡肝洗净血水，去筋ⓐ，然后用厨房纸巾吸干表面水分。刀与洋葱纤维呈直角切成薄片。大蒜切碎。
2. 锅内倒入橄榄油，开中火加热，煸炒洋葱。将洋葱推至锅的一侧，倒入橄榄油（1小勺），放入鸡肝翻炒。待鸡肝表面上色后倒入红酒、酱油，撒上大蒜后搅拌，盖上锅盖继续用中火加热5分钟。关火，打开锅盖散热。
3. 放入料理机内搅打成泥状。

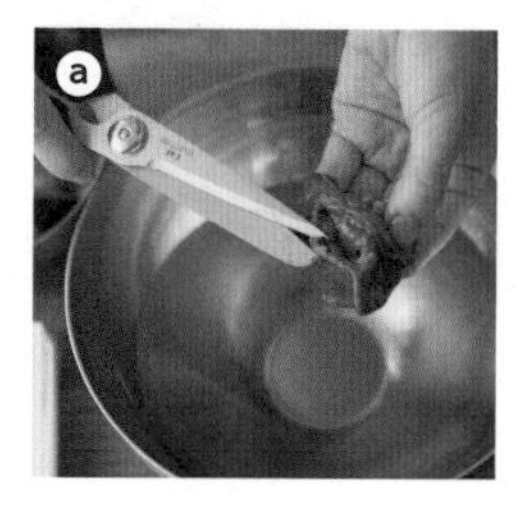

staub RECIPE 40 蘑菇炖鸡胗

staub 20cm

炖好的鸡胗十分软嫩，非常适合当下酒小菜。与鸡胗表皮一起炖煮，味道更佳。

【材料：4 人份】

鸡胗……300g
香菇……5 个
杏鲍菇……1 盒
蟹味菇……2 盒（约 200g）
大蒜……2 瓣
酱油……2 大勺
橄榄油……50mL
迷迭香……2 枝
盐……少许

1. 用刀分离鸡胗的表皮（白色的部分）ⓐ，香菇对切开，杏鲍菇对切开后再切成薄片，大蒜对切开后取出蒜芽，蟹味菇撕成小朵。
2. 锅内放入1，倒上橄榄油、酱油，盖上锅盖开中火加热。
3. 加热至从锅盖缝隙往外冒蒸气时，改用文火继续加热40分钟。关火，保持锅盖紧闭焖至锅冷却（余热烹调）。
4. 加入少许盐调味，再放入迷迭香，稍微加热后再食用。

水煮蛋的做法

倒水

用少量水蒸煮而成的水煮蛋。缩短蒸煮时间，更节能。可以多煮一些拌入土豆沙拉（p23）里，还可以放入中式红烧排骨（p53）内一起炖煮。

材料

鸡蛋……5 个

〔staub 的尺寸与鸡蛋数量标准〕

16cm……7 个

18cm……10 个

20cm……12 个

5 个鸡蛋用这个尺寸的锅

staub 14cm

1. 鸡蛋放入锅内，倒入深1cm的水，盖上锅盖开中火加热。
2. 待开始冒蒸气时改用文火加热7分钟。关火，保持锅盖紧闭焖7分钟。
3. 往锅里倒入冷水。
4. 用手压着鸡蛋滚一滚，蛋壳裂开冷却后会更容易剥壳。

〖猪肉〗

土豆炖肉、火腿、肉丸子、烤肉……从待客大餐到休闲小食，应有尽有。
根据使用部位、切法、入味的不同，发掘猪肉料理巨大的美味空间。

staub RECIPE 41 无水土豆炖肉

staub RECIPE **41**

无水土豆炖肉

不加日式高汤和水做出美味的土豆炖肉。用 staub 烹调比用普通锅烹调的调味料用量要少。

【材料：4 人份】

土豆……3 个
洋葱……1 个
胡萝卜……1 根
切薄片的猪肉……200g
煮熟的豌豆……3 根
酱油……2 大勺
甜料酒……2 大勺
橄榄油……1 大勺

1. 土豆去皮切成适口大小，洋葱纵切成8等份的月牙状，胡萝卜随意切成小块，猪肉切成3cm的长片，土豆用水冲洗干净。
2. 锅内倒入橄榄油，开中火加热，放入洋葱和胡萝卜煸炒至变软。然后加入土豆和猪肉快速翻炒ⓐ，再倒入酱油和甜料酒，搅拌均匀后盖上锅盖。
3. 待锅盖开始往外冒蒸气时，改用文火加热20分钟。煮出水分后，稍微搅拌一下ⓑ。关火，盖上锅盖焖至冷却（余热烹调）。食用前再加热盛盘，最后装饰上豌豆。

staub RECIPE 42

柚子盐土豆炖鸡肉

加盐炖出来的鸡肉会有淡淡的咸味。最后再装饰上柚子皮。

材料

＊请参照无水土豆炖肉

切薄片的猪肉（200g）换成1块鸡腿肉（约250g），酱油和甜料酒换成盐（1/2小勺）。

1. 做法与无水土豆炖肉基本相同。最后用切成细丝的柚子皮（1个份）装饰，也可以装饰上嫩叶。

意式土豆炖肉

吃腻了普通的土豆炖肉？试一试超级新鲜的番茄味土豆炖肉吧。

材料

＊请参照无水土豆炖肉

切薄片的猪肉（200g）换成切薄片的牛肉（200g），再加上切成2cm见方小块的番茄（1个份）、大蒜片（1瓣份）、罗勒叶（约3片）。

1. 做法与无水土豆炖肉基本相同。大蒜与洋葱一起煸炒，再加入胡萝卜，加入土豆。倒入酱油与甜料酒，搅拌均匀后再加入番茄，盖上锅盖。之后的做法参照无水土豆炖肉的③，最后盛盘，用罗勒叶代替豌豆。

staub RECIPE 45

无添加酱油拉面

staub RECIPE 44

自制火腿

自制辣椒油

staub RECIPE 46

粉丝丸子

staub RECIPE 44

自制火腿

猪腿肉炖煮时间过久口感会变柴，今天介绍一款鲜嫩多汁的自制火腿。推荐留下炖肉的汤汁来做拉面。

【材料：2～3人份】

猪腿肉……1块（300～400g）

盐……肉重量的1.2%

赤砂糖……肉重量的1.2%（400g的肉约需5g）

橄榄油……1大勺

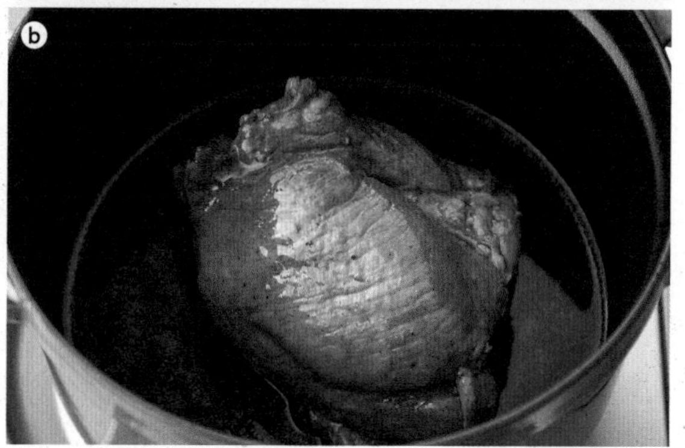

1. 猪肉撒上盐和赤砂糖后用保鲜膜裹紧装入保鲜袋内，放入冰箱内冷藏一晚上ⓐ。
2. 快速冲洗1，然后用厨房纸巾吸干表面水分。
3. 锅内倒入橄榄油，开中火加热，将2煎至表面上色，盖上锅盖。
4. 待锅盖缝隙开始往外冒蒸气时，改用文火加热25分钟。关火，保持锅盖紧闭焖至冷却（余热烹调）。冷却后ⓑ将肉和汤汁一并倒入保鲜袋内，放入冰箱内冷藏。

☞ 1放入冰箱内冷藏入味一晚上后，用保鲜膜裹紧装入保鲜袋内，可保存3～4日。

☞ 如冷藏保存，须在2～3日内吃完。

☞ 切成超薄片蘸上芥末酱，吃上去像烤猪肉，还可以做成三明治。

汤汁华丽变身

staub RECIPE 45

无添加酱油拉面

在炖火腿的浓汤内加入海带做成汤底，口味清淡。

【材料：1人份】

1. 制作面汤。火腿汤汁内倒入水（300mL）、酒（2小勺），加入海带（长5cm的小块）、葱叶（1根的量），煮至沸腾。再加入酱油（1大勺）和盐（少许）调味。
2. 将煮好的拉面盛入碗内，然后倒入面汤，再放上切成薄片的火腿，最后再装饰上葱丝。

staub RECIPE **46**

粉丝丸子

不加水直接炖煮，就无须担心松软的肉丸子破碎。把吸满汤汁的粉丝铺到米饭上，就成了盖浇饭啦。

【材料：4 人份】

staub 20cm

猪肉馅……200g
嫩豆腐……70g
芹菜……1 根
番茄……1 个
盐……1/2 小勺
土豆淀粉……1 大勺
橄榄油……1 大勺
鱼露……1 大勺
粉丝……25g

1. 芹菜叶切碎末，芹菜茎斜切成薄片，番茄切2cm见方的小块。
2. 盆内放入猪肉馅、盐，用手抓拌出黏性，然后加入嫩豆腐、土豆淀粉、芹菜叶，搅拌均匀，分成4等份，排出空气，团成椭圆形ⓐ。
3. 锅内倒入橄榄油，开中火加热，放入芹菜茎稍微翻炒一下，然后加入番茄和鱼露，再将肉丸放入锅内ⓑ。放入用水冲洗过的粉丝ⓒ，盖上锅盖。
4. 待锅盖缝隙开始往外冒蒸气时，用文火加热8分钟。搅拌，将粉丝浸入汤汁内，关火，盖上锅盖焖10分钟（余热烹调）。加入盐（少许）调味。

☞ 可以用酱油替代鱼露。可以根据个人喜好加入适量香菜。

一招定鲜

自制辣椒油

可以根据个人喜好在肉丸子上淋上香辣的辣椒油。

1. 锅内放入切成碎末的大蒜和生姜、切碎的红辣椒（4根份）、盐（1小勺），倒入菜籽油（4大勺），煮5分钟即可。

staub RECIPE **47** 烤苹果咸猪肉

为了避免做出的烤肉汤汁过多，最好少放一些蔬菜，
可以把 staub 当作小烤箱使用，让肉充分烤上色。

【材料：4人份】

猪里脊……400～500g
洋葱……1/2个
土豆……5个（小）
带皮大蒜……4瓣
苹果（红玉）……1个
迷迭香……1枝
百里香……1枝
橄榄油……1大勺
盐、砂糖……肉重量的1.2%
（400g的肉约需5g）

1. 猪肉撒上盐和砂糖，裹上保鲜膜，装入保鲜袋内，放入冰箱内冷藏2～3日ⓐ（也可只冷藏一晚）。
2. 洗净土豆。洋葱纵切成4～6等份的月牙状，苹果纵切成6等份的月牙状。快速冲洗一下1的肉快，再用厨房纸巾吸除表面水分。烤箱180℃预热。
3. 锅内倒入橄榄油，开中火加热，然后将2的猪肉带肥肉面朝下放入锅中，周围放上洋葱、土豆、大蒜、苹果、迷迭香、百里香ⓑ，盖上锅盖。
4. 待锅盖缝隙开始往外冒蒸气时，改用文火加热5分钟。
5. 放入烤箱内加热40分钟。关闭烤箱电源，保持锅盖紧闭焖至冷却（余热烹调）。食用前将肉切片再放回锅内加热。

☞ 将一起烤熟的带皮大蒜碾成泥，抹到肉片上食用，味道更佳。

稍作改良
开发新品

staub RECIPE 48 法式熟肉酱

盐烤猪里脊与红酒搭配变成一款下饭小菜。推荐用长面包蘸着肉酱食用。

1. 将盐烤猪里脊（100g）、汤汁（1大勺）、续随子（1小勺）装入料理机内充分搅打成肉酱。最后盛入容器内装饰上鼠尾草叶。

用staub烤箱烹调

利用烤箱和staub的双重余热让肉充分煮透、煮烂，这样不仅可以缩短加热时间还可以节省燃气费，这种烹调方法非常适合用来做炖牛肉、关东煮。

staub RECIPE 49 煮猪杂

猪杂先煮一遍可以去除腥臭味，口味更佳。

【材料：4 人份】

煮过的猪杂……300g
酒①……2 大勺
白菜……1/8 棵
白萝卜……1/4 根
胡萝卜……1/2 根
牛蒡……1/2 根
酒②……2 大勺
甜料酒……2 大勺
味噌……2 大勺
大葱……1/2 根
盐①……1/4 小勺
盐②……1/4 小勺

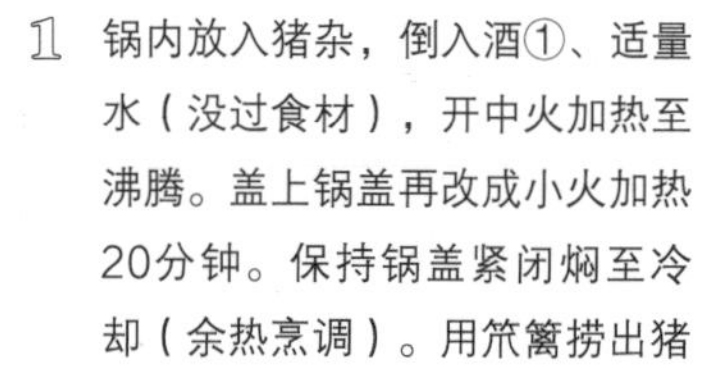

1. 锅内放入猪杂，倒入酒①、适量水（没过食材），开中火加热至沸腾。盖上锅盖再改成小火加热20分钟。保持锅盖紧闭焖至冷却（余热烹调）。用笊篱捞出猪杂，沥干水分。
2. 白菜切成2cm的小块，白萝卜、胡萝卜切成小片，牛蒡切成长2cm的小段。
3. 锅内放入白菜，撒上盐①，再将1的猪杂、白萝卜、胡萝卜、牛蒡放入锅中，撒上盐②，再淋上酒②和甜料酒，开中火加热，盖上锅盖。
4. 待锅盖缝隙开始往外冒蒸气时，改用文火加热1小时。保持锅盖紧闭焖至锅冷却（余热烹调）。
5. 食用前再重新加热，倒入味噌，不盖锅盖煮15分钟。盛到容器内，再撒上切成圆片的大葱。

蒸米饭的方法

staub非常适合蒸米饭，只要按照规定放入比例适当的大米与水，就可以蒸出光泽、口感俱佳的米饭。蒸好的米饭松软有光泽，特别好吃，蒸出这样的米饭居然真的不需要电饭煲！

【材料：3 杯份】

米饭……3 合（1 合 =180mL）

水……540mL

倒入适量水

staub 的尺寸与大米用量标准

16cm……1 合

18cm……1 合～ 2 合

20cm……2 合～ 3 合

22cm……3 合～ 4 合

24cm……4 合～ 5 合

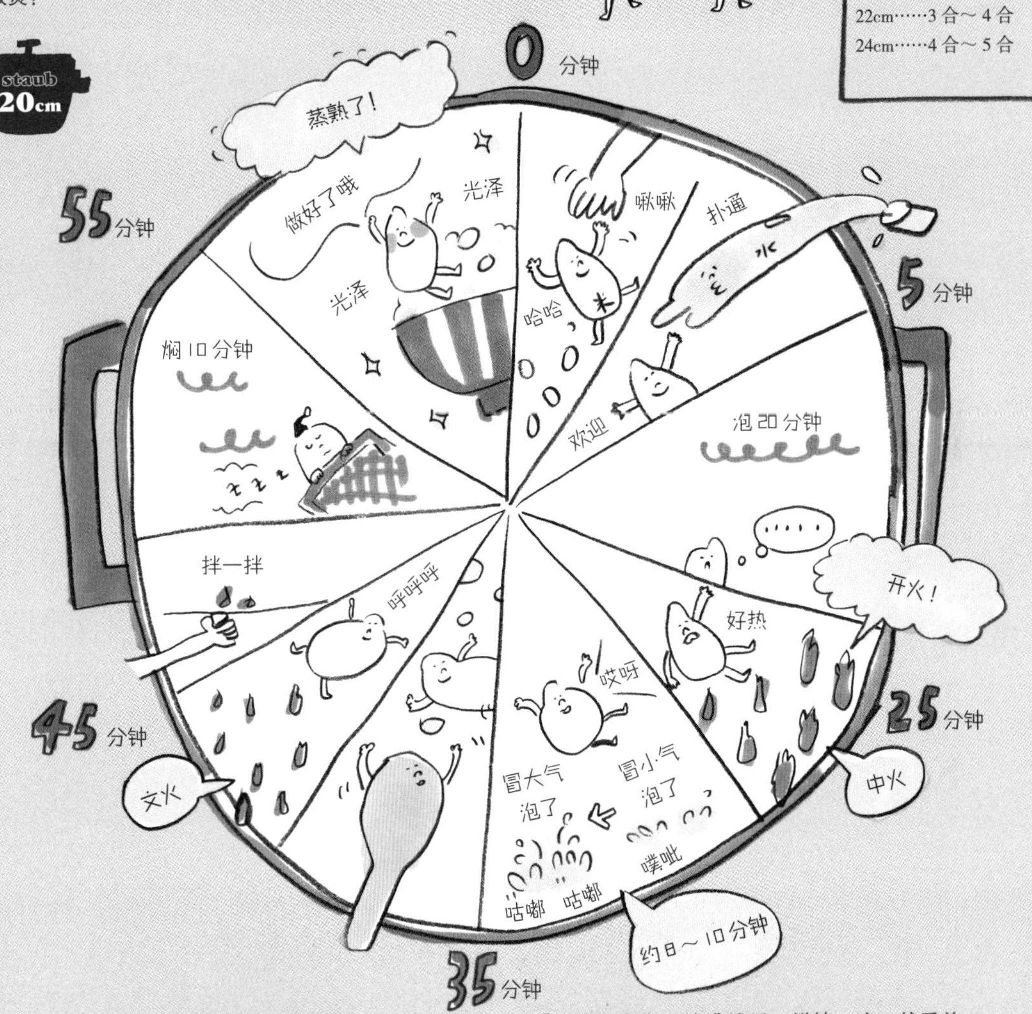

1 大米放入锅内倒入水浸泡20分钟。

☞ 若使用精米，在时间紧迫的情况下也可以不用浸泡。

☞ 若要做肉菜米饭，需先将调料放入锅内然后再浸泡，在步骤 3 搅拌过后再撒上配料。

2 开中火（火苗不要溢出锅底）加热。

☞ 不用盖锅盖。

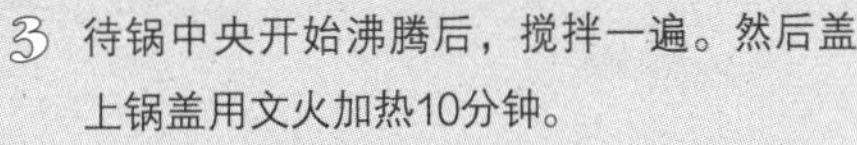

3 待锅中央开始沸腾后，搅拌一遍。然后盖上锅盖用文火加热10分钟。

4 关火，盖上锅盖焖10分钟。

☞ 水量一般是 1 合米 180mL。

☞ 如果用直径 22cm 以上的 staub，蒸煮时间需要延长 13 分钟。

☞ 为了做出口感较好的米饭，需严格按照大米与水量的配比标准蒸煮。

☞ 推荐使用专门蒸米饭的“La Cocotte de GOHAN”系列 staub。S……1 杯、M……2 杯～ 2 杯半。

〖牛肉〗

staub 特别适合短时间的蒸煮和长时间的炖煮。
下面介绍几款营养丰富、适合招待客人的牛肉料理。

staub RECIPE 50 番茄寿喜锅

加入番茄，口感更清爽。蔬菜可以煮出大量汤汁，放入乌冬面，最后蘸着蛋液享用，美味绝伦。

【材料：4 人份】

寿喜锅专用牛肉……300g
白菜……1/4 棵
大葱……1 根
茼蒿……少许
金针菇……1 盒（200g）
香菇……4 个
番茄……2 个（小）
大蒜……1 瓣
煎豆腐……1 块
酱油……3 大勺
甜料酒……3 大勺
橄榄油……1 大勺
盐……1/4 小勺

1. 白菜切成小块，大葱斜切成小段，番茄去蒂切成4等份圆片，茼蒿切成等长的3段，金针菇撕开。香菇去蒂，用刀刻出十字花。牛肉切成易入口的薄片。煎豆腐切成8等份。
2. 锅内倒入橄榄油，放入大蒜，小火炒香，然后放入白菜、大葱、金针菇、香菇、番茄、150g牛肉，撒上盐，再淋上酱油、甜料酒ⓐ，开中火，盖上锅盖加热。
3. 加热至锅盖缝隙开始往外冒蒸气时，改用文火加热3分钟。再加入其他的牛肉和豆腐ⓑ，盖上锅盖。待锅盖缝隙开始往外冒蒸气时，关火，牛肉最好煮熟即食。食用前再撒上少许茼蒿。

☞ staub 浅型炖锅方便夹取食物，非常适合放在餐桌上使用，也非常适合做寿喜锅。可以代替土锅使用。浅型锅的蒸气可快速充满整个锅，推荐用于短时间烹调薄肉片和鱼类。

STAUB

staub RECIPE **51**

烤牛肉

难以炖烂的食材可以用 staub 无水烹调，加热蒸煮后再焖煮一会儿即可炖烂。锅内的汤汁可以作为酱汁淋在食材上。

【材料：4 人份】

牛腿肉……500g
盐……肉重量的 1.2%
酱油……2 小勺
洋葱……1/2 个
橄榄油……1 大勺
胡椒……少许

1. 牛肉提前1小时放在室温下解冻，用风筝线捆起牛肉ⓐ。撒上盐。
2. 锅内倒入橄榄油，开中火加热，放入牛肉煎至上色ⓑ。盖上锅盖，开小火加热5分钟。关火，翻面，盖上锅盖加热5分钟。
3. 取出2，包上两层锡纸，放置一旁直至冷却（余热烹调）ⓒ。
4. 往锅内倒入酱油，撒上洋葱碎，开中火加热做成酱汁ⓓ。
5. 将3切分装盘，淋上4，最后再撒上少许胡椒。

☞ 冷却后直接将裹着锡纸的牛肉装入保鲜袋内，再放入冰箱内冷藏，这样切出的牛肉更薄更美观。

☞ 可冷藏保存 2 日。

稍作改良
开发新品

staub RECIPE 52 烤牛肉沙拉

粉色的牛肉搭配绿色的蔬菜，丰富了餐桌的色彩。非常适合朋友聚会时食用。

1 烤牛肉切成超薄片，摆入盘内，再放上洗净后沥干水分的蔬菜，淋上酱汁。撒上少许黑胡椒和粗盐即可食用。

staub RECIPE

53 炖牛肉

留下的汤汁可以冷冻保存，也可以当作蛋包饭的酱汁。
推荐使用牛腩肉或牛舌制作。

【材料：4 人份】

牛小腿肉……400g
洋葱……1 个
胡萝卜……1 根
芹菜……1/2 根
红酒……300mL
番茄酱……200g
含盐黄油……30g
橄榄油……1 大勺
盐……2 小勺
装饰用蔬菜……根据个人喜好
（熟的西蓝花、土豆等）

1. 蔬菜切成1cm见方的小块，然后与牛肉、红酒一并装入保鲜袋内，冷藏一晚上ⓐ。
2. 用笊篱捞出1，沥干水分ⓑ。沥出的腌渍液放置一旁备用。挑出牛肉，用厨房纸巾吸干表面水分。
3. 锅内倒入橄榄油，用中火加热，待锅内开始冒薄烟时放入牛肉，煎至表面上色，夹出ⓒ。
4. 在锅内加入2中的蔬菜，煸炒至洋葱呈透明状ⓓ。将煎好的牛肉放入锅内，再将2中的腌渍液和番茄酱倒入ⓔ，煮沸后盖上锅盖，用文火炖煮1小时。
5. 关火，保持锅盖紧闭焖至冷却（余热烹调）。取出牛肉，然后用料理棒将锅内食材打成泥ⓕ。
6. 牛肉放入锅内，再次开中火加热。加入黄油和盐调味。最后装饰上蔬菜。

☞ 推荐使用烤箱烹调（p69）。
☞ 留下的汤汁可以冷冻保存 2 ~ 3 周。

炸物

staub RECIPE 54 干炸鸡块

盖上锅盖，锅内的蒸气可以让炸好的鸡胸肉更加软嫩多汁。
想把食物炸透？想把肉类和鱼类炸得更加松软？那就使用 staub 吧。

1
- 鸡肉切成8等份，用刀柄轻轻敲打后放入盆内，然后再倒入酱油、酒，撒上生姜、盐，用手揉搓均匀后，再裹上土豆淀粉。
- 锅内倒入橄榄油，开中火加热。以直径14cm的staub为例，需要的油量约200mL。油温加热至170℃～180℃（油开始冒烟，面粉落入后立即飘浮上来）。

2
放入鸡肉，盖上锅盖。加热约3分钟时锅内会有“啪啦啪啦”声。炸制过程中，如果锅盖缝隙开始往外冒蒸气，改用小火加热。

☞ 油量约占锅容量的 1/3。如果油量过少，食材易粘锅；油量过多，放入食材盖上锅盖后，油会溢出锅体。

☞ 油锅内放入肉类的量以相互不粘连为宜。

staub锅体厚实，放入食材后油温也不会下降，能使炸好的食物更酥脆。锅体较深，不易溅油，所以不会弄脏厨房。使用较小尺寸的staub炸东西，需要的油量很少，这样每次都可以用新油炸东西了。

【材料：约 8 个份】

鸡胸肉……1 块（约 300g）
酱油……1 大勺
酒……1 大勺
生姜（姜末）……1 块
盐……少许
土豆淀粉……适量
橄榄油（炸东西的油）……200mL

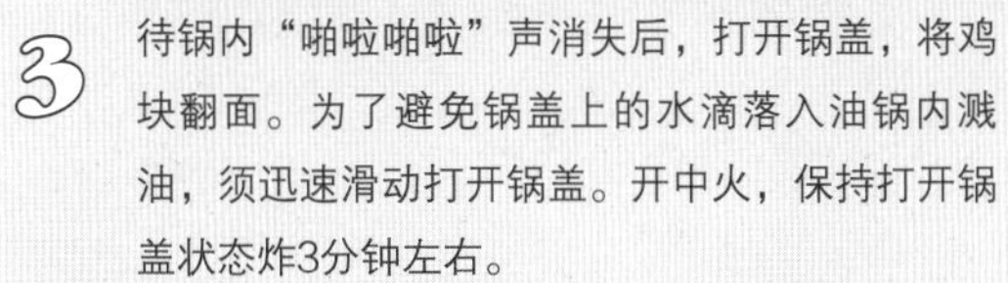

3 待锅内“啪啦啪啦”声消失后，打开锅盖，将鸡块翻面。为了避免锅盖上的水滴落入油锅内溅油，须迅速滑动打开锅盖。开中火，保持打开锅盖状态炸3分钟左右。

4 炸至表面酥脆、呈金黄色时，捞出沥干油分。

☞ 如果油量不足，可中途加油。需要注意经多次油炸、油量变少、油温处于高温状态时更容易产生油烟。

☞ 锅盖最好放在湿抹布上。

☞ 反复使用的油会产生气泡，炸出的食物色泽暗淡。最好每次都用新油炸食物，这样炸好的食物更美味。

staub RECIPE **55**

炸薯条

冷油内放入土豆条，待油热后，薯条也炸好了。操作简单，只需把土豆条放进油锅里炸即可。

【材料：2 人份】

土豆……3 个
橄榄油（炸东西的油）……200mL
盐……少许

1. 洗净土豆，切成长条。
2. 锅内倒入油，将擦干水分的土豆条一根一根放入油锅内。盖上锅盖，开中火加热10分钟。待锅盖缝隙开始往外冒蒸气时，改用小火。
3. 迅速打开锅盖，改用中火加热。上下搅动，炸至酥脆、整体呈金黄色时，捞出沥干油分，趁热撒上盐。

☞ 常温油炸出的土豆更香甜。当然也可以用热油炸。

staub RECIPE **56**

肉桂红糖炸红薯

炸红薯与炸薯条的步骤相同。把土豆换成甘薯类，炸好后再筛上砂糖，一款小零食就诞生了。

【材料：2 人份】

红薯……1 个（约 200g）
橄榄油（炸东西的油）……200mL
肉桂粉……1/2 小勺
赤砂糖……1 小勺

1. 红薯切成宽1cm、长5cm的棒状，用水冲洗。然后用厨房纸巾吸干表面水分。
2. 锅内倒入油，将红薯条一根一根放入油锅内。盖上锅盖，开中火加热10分钟。待锅盖缝隙开始往外冒蒸气时，改用小火。
3. 迅速打开锅盖，改用中火加热。上下搅动，炸至酥脆、整体呈金黄色时，捞出沥干油分，趁热撒上肉桂粉和赤砂糖。

staub RECIPE **57**

炸蔬菜

在家也可以做出厚重的炸蔬菜。炸出的蔬菜分量十足。推荐使用茼蒿、香菜炸制，味道超级赞。撒上少许盐即可享用。

【材料：4 块份】

红薯……1 个（约 200g）
洋葱……1 个（约 200g）
樱虾……10g
鸡蛋……1 个
醋……2 小勺
冷水……150mL
低筋面粉……150g
泡打粉……1 小勺
橄榄油（炸东西的油）……200mL

1. 红薯切成稍粗的棒状，洋葱切薄片，与樱虾一并放入平盘内，然后撒上低筋面粉（2大勺）a。锅内倒入油，开中火加热至油开始冒薄烟即可。
2. 盆内打入鸡蛋，倒入醋、冷水，充分搅拌均匀。然后加入低筋面粉、泡打粉，轻轻搅拌（有面疙瘩也没关系）。倒入1，快速搅拌b。
3. 将1/4量的2放入1的油锅内。用筷子在中间戳出一个洞c，立即盖上锅盖加热5分钟。待锅盖缝隙开始往外冒蒸气时，改成小火。
4. 迅速打开锅盖，改用中火加热。将筷子戳入中间的洞内，炸至可以完整夹起，翻面d。
5. 打开锅盖继续加热3分钟，炸至表面酥脆、呈金黄色时，捞出，沥干油分e。

☞ 如果步骤4中食材不能完整夹起，可以保持锅盖打开的状态继续用中火加热。

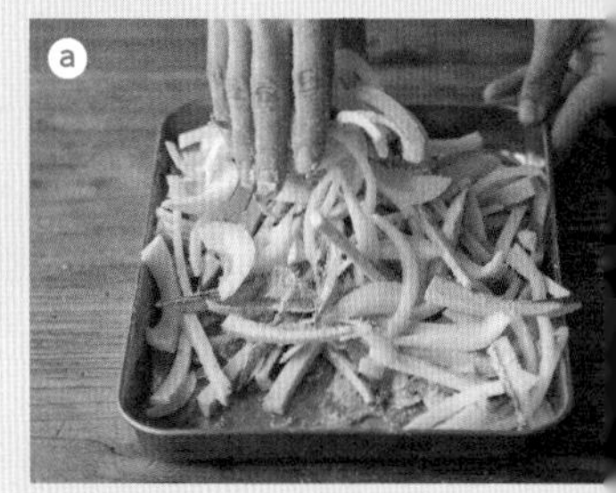

〖鱼类〗

看似难以烹调的鱼类，用 staub 烹调却出乎意料的简单。
烹调鱼料理时需趁热放入锅内，这样做熟的鱼没有腥味。

staub RECIPE 58 无水炖鱼

一般情况下炖鱼都会加入水或酒，但用 staub 完全可以不加水。
炖出的汤汁浓缩了鱼的鲜味，可以用来拌意大利面或米饭。

【材料：4 人份】

鱼身……4 段
（可根据个人喜好选择鲷鱼、鲈鱼、鰤鱼、鳕鱼等鱼段）

蛤蜊……1 盒（约 300g）

番茄……1 个

芹菜……1 根

大蒜……1 瓣

续随子……1 大勺

去核黑橄榄……8 颗

橄榄油……1 大勺

特级初榨橄榄油……1 大勺

盐……1 小勺

欧芹……少许

1. 番茄切成3cm见方的小块，芹菜切薄片，大蒜切碎。蛤蜊放入盐水内待其吐净泥沙。将盐撒到鱼上。
2. 锅内倒入橄榄油，放入大蒜，开小火加热。出香味后倒入蛤蜊，开中火，再加入芹菜轻轻搅拌均匀ⓐ。放上鱼，然后周围撒上番茄、续随子，倒上橄榄油，立即盖上锅盖。
3. 加热至锅盖缝隙处有蒸气时，改用文火加热3分钟。煮出汤汁后ⓑ，淋上特级初榨橄榄油。盛盘，装饰上欧芹。

☞ 蛤蜊放入 50℃的温水内浸泡 30 分钟，能快速吐净泥沙。

☞ 如果用的是一整条鱼，需在鱼腹切出十字花刀，两面都撒上盐，大约蒸 10 分钟（视大小而定）。

意大利面・汤拌饭

staub RECIPE **59**

只需将剩余的汤汁拌进去即可。轻松完成一道超级美味的料理。

1. 将剩余的汤汁拌入煮熟的意大利面或凉米饭内，再用盐、胡椒调味。最后装饰上欧芹。

staub RECIPE 60 蒜香乌贼鲣鱼

使用 staub 烹调令招待贵客变得更简单。使用虾、扇贝、鸡肉来烹调也非常美味，大家不妨试一试。

【材料：4 人份】

乌贼……1 只
鲣鱼……1 块
大蒜……2 瓣
红辣椒……2 根
迷迭香……2 枝
香菇……2 盒
橄榄油……100mL
盐……1 小勺

1. 乌贼处理干净后切成2cm的小块，鲣鱼切成2cm的小块，香菇切成4等份，大蒜对切开，红辣椒去籽。
2. 锅内倒入橄榄油，放入迷迭香、大蒜、红辣椒，开小火煸炒。炒出香味后改用中火加热，加入乌贼、鲣鱼、香菇，撒上盐，盖上锅盖。
3. 加热至锅盖缝隙开始往外冒蒸气时，关火，稍微搅拌一下，再盖上锅盖焖5分钟（余热烹调）。再加入盐（少许）调味。

☞ 乌贼、鲣鱼高温烹煮时间过长肉质会变硬，用余热加热即可。

☞ 装饰上煮熟的西蓝花或香草，让菜肴色彩更丰富。

staub RECIPE **61**

鲜虾浓汤

staub RECIPE **62**

鲑鱼菌菇豆乳杂烩

staub RECIPE 61 鲜虾浓汤

一款浓缩了大虾鲜味、适合用来招待客人的浓汤。减少牛奶用量，做成的浓汤也适合当作意大利面酱汁。还可以用梭子蟹制作，味道也超级赞。

staub 20cm

【材料：4人份】

大虾……4只
洋葱……2个（小）
芹菜……1根
大蒜……1瓣
彩椒粉……1/2小勺
番茄酱……1大勺（18g）
橄榄油……1大勺
牛奶……300mL
动物鲜奶油……200mL
盐……1/2小勺

☞ 如果没有彩椒粉，也可以用辣椒粉和姜黄粉代替。

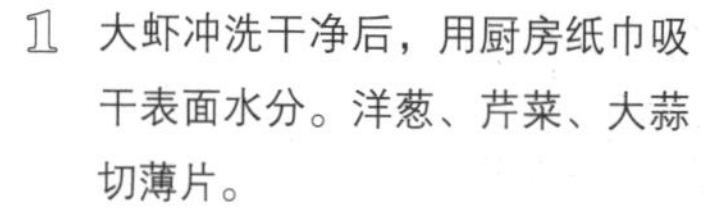

1. 大虾冲洗干净后，用厨房纸巾吸干表面水分。洋葱、芹菜、大蒜切薄片。
2. 锅内倒入橄榄油，开中火加热，放入大虾煎至两面上色后捞出ⓐ。锅内放入洋葱、芹菜、大蒜，稍微翻炒一下，再撒上彩椒粉，加入番茄酱，再将虾放入锅内，撒上盐，搅拌均匀后盖上锅盖。
3. 加热至锅盖缝隙开始往外冒蒸气时，改用文火加热10分钟。将汤汁ⓑ、牛奶、鲜奶油、倒入料理机内，放入剥好的虾肉ⓒ搅打，再倒回锅内加热，撒盐（少许）调味。盛到容器内，撒上彩椒粉（少许）。

staub RECIPE 62

鲑鱼菌菇豆乳杂烩

凝聚了鲑鱼、蛤蜊、蔬菜鲜味的杂烩。
加入豆乳更有营养。

【材料：4 人份】

洋葱……1 个
胡萝卜……1 根
蟹味菇……1 盒（约 100g）
蛤蜊……300g
鲑鱼……2 段
原味豆乳……400mL
黄油……50g
低筋面粉（或米粉）……2 大勺
橄榄油……1 大勺
盐……1/4 小勺
盐、胡椒……各少许

1. 洋葱、胡萝卜切成1cm的小块，鲑鱼切成2cm的小块，蟹味菇撕小簇。蛤蜊放入盐水内浸泡，吐净泥沙。
2. 锅内倒入橄榄油，开中火加热，放入洋葱、胡萝卜煸炒。加入蟹味菇，撒上盐，盖上锅盖。
3. 加热至锅盖缝隙开始往外冒蒸气时，放入蛤蜊和鲑鱼，稍微搅拌均匀，盖上锅盖。
4. 再次加热至锅盖缝隙往外冒蒸气，改用文火加热5分钟。
5. 黄油放入微波炉内加热至熔化，拌上低筋面粉。
6. 往4内倒入豆乳，开中火加热。加热至冒蒸气时，将5倒入a，继续煮至浓稠。最后加入盐、胡椒调味。

☞ 豆乳沸腾后会水乳分离，加热至有少许蒸气出来即可。

staub RECIPE 63 炖鰤鱼

鱼长时间炖煮肉质会变硬，用 staub 即可快速炖煮。蒸锅较浅，蒸气很快就会充满锅内，非常适合烹调鱼料理。

【材料：4 人份】

鰤鱼（鱼段）……4 段
酱油……2 大勺
甜料酒……2 大勺
酒……2 大勺
生姜……1 块
生姜丝、葱白丝……各适量

1. 生姜切成薄片。
2. 锅内倒入酱油、甜料酒、酒，放入生姜，开中火加热至沸腾，放入鰤鱼，盖上锅盖。
3. 加热至从锅盖缝隙开始往外冒蒸气时，鰤鱼翻面，打开锅盖继续加热1分钟。
4. 将鰤鱼盛到盘内，用中火收汁后将汤汁浇到鱼肉上。再装饰上生姜丝和葱白丝。

☞ 使用直径 24cm 的蒸锅烹调时，直接用中火加热 5 分钟即可。打开锅盖，将鱼翻面，之后烹调步骤相同。使用直径 20cm 的蒸锅时需将鱼切成两半。

staub RECIPE 64 甜醋照烧鲑鱼

先将煎好的鲑鱼取出，待蔬菜炒好后再放入锅内。鲑鱼表面的面粉可勾芡汤汁，鱼肉也显得更大块。

【材料：4 人份】

生鲑鱼（鱼段）……4 段
洋葱……1 个
青椒……2 个
A
甜料酒……2 大勺
番茄酱……1 大勺
醋……2 小勺
赤砂糖……2 小勺
橄榄油……2 大勺
低筋面粉……1 大勺
盐……1 小勺

1. 鲑鱼去骨，分切成两半，撒上盐，抹上低筋面粉。洋葱、青椒切成薄片。材料A混合备用。
2. 锅内倒入橄榄油，开中火加热，油开始冒薄烟时，放入1的鲑鱼，稍微煎至两面上色后盛出。
3. 将洋葱、青椒放入锅内迅速翻炒，倒入混合好的A，稍微搅拌均匀后盖上锅盖。
4. 加热至锅盖缝隙开始往外冒蒸气时，改用文火继续加热3分钟。撒上盐（少许）调味，将其淋在煎好的鲑鱼上。

staub RECIPE **65** 鲜嫩黑醋炖沙丁鱼

加入黑醋和酱油将沙丁鱼炖至鱼骨变软。如果没有 staub 蒸锅，可以用直径 24cm 的浅型炖锅。

【材料：4 人份】

沙丁鱼……6 条
黑醋……50mL
甜料酒……2 大勺
酒……2 大勺
酱油……2 大勺

1. 沙丁鱼刮净鱼鳞，切去鱼头、鱼鳍和鱼尾，剖开鱼腹去除内脏后洗净。然后将鱼对切开a。
2. 锅内倒入黑醋、甜料酒、酒，开中火加热。煮沸后将1放入b，盖上锅盖。
3. 加热至锅盖缝隙开始往外冒蒸气时，改用文火继续加热30分钟。鱼翻面，关火，保持锅盖紧闭放置30分钟（余热烹调）。
4. 开中火再重复一遍步骤3。
5. 倒入酱油，打开锅盖用小火收汁。盛盘，可以装饰上稻穗。

staub 烹调
炖煮料理

想要烹调出可以连骨头一起吃下去的沙丁鱼和秋刀鱼，或烹调需炖至软烂的牛筋、牛舌、猪五花肉、猪排骨时，可以放置（余热烹调）一旁冷却后再加热，再放置（余热烹调）一旁冷却后加热，重复这一步骤即可将食材炖至软烂。不用持续炖煮，还可以节省燃气费。

咖喱

staub RECIPE 66 无水香料鸡肉咖喱

原材料只有蔬菜、鸡肉、香料、盐、豆乳、油。一款不添加水，味道浓醇，让你欲罢不能的咖喱。

【材料：4～6 人份】

鸡腿肉……2 块
洋葱……4～5 个
胡萝卜……1 根
芹菜……1 根
土豆……2 个
苹果……1/2 个
盐①……1 小勺
橄榄油……1 大勺
混合香料……3 大勺
（参照下文，或用咖喱粉）
原味豆乳……300mL
盐②……1/2 小勺
肉桂粉……2 小勺
印度咖喱粉……1/2 小勺
盐③……1/2 小勺
装饰用蔬菜……根据个人喜好

☞ 加入豆乳后不易保存，因此食用前根据食用量加入豆乳。暂时不食用的咖喱倒入保鲜盒内保存（未加豆乳），裹上保鲜膜冷藏可保存 2～3 日。也可以不加豆乳直接食用。

☞ 冷藏后咖喱会变硬，加热时倒入小锅内，再倒入少许豆乳，充分搅拌后再开火加热。为了防止焦煳，加热时要不断搅拌。

☞ 最后也可以再加入 10g 黄油做成黄油鸡肉咖喱。

◎混合香料的做法

· 右侧4种香料混合均匀后取3大勺。可以直接使用咖喱粉，也可以根据个人喜好自行搭配下述几种香料。

香菜粉、姜粉、红辣椒粉、多香果粉、辣椒粉、卡宴辣椒粉等。

☞ 注意红辣椒、卡宴辣椒粉都属辛辣味香料。

· 最后还需再撒上少许肉桂粉和印度咖喱粉，因此要多准备一些。

姜黄粉

小茴香粉

肉桂粉

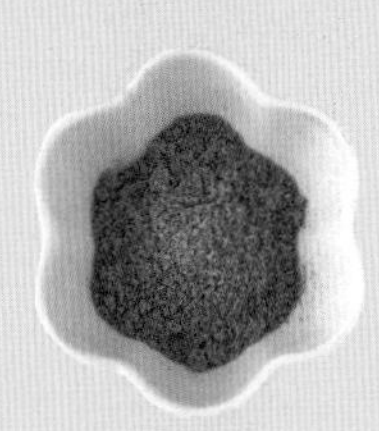

印度咖喱粉
（葛拉姆马萨拉）

[手工制作咖喱粉套装]

20种香料分装成小袋组成的套装。可以按照说明书将香料混合均匀后，取3大勺备用。

各种香料搭配，香味相得益彰，做好的咖喱味道更纯正。

1 刀与洋葱纤维呈直角切成薄片，胡萝卜、芹菜也切成薄片。苹果去皮，擦成丝。鸡肉切成6等份，撒上盐①。锅内倒入橄榄油，开中火加热，放入洋葱煸炒。洋葱炒至透明、柔软时，加入胡萝卜、芹菜煸炒至变软。

2 加入混合香料和鸡肉，煸炒出香味。然后加入苹果，翻炒均匀后，撒上盐②，盖上锅盖。加热至锅盖缝隙往外冒蒸气时，改用文火炖煮40分钟。

3 如图所示，出汁时关火，盖上锅盖焖30分钟至冷却（余热烹调）。

4 开中火加热，加入去皮擦成丝的土豆，煮2～3分钟，不断搅拌至黏稠。

☞ 需要注意煮至黏稠时容易焦煳，如果想让鸡肉充分入味，可以延长步骤2的炖煮时间。

5 挑出鸡肉，倒入豆乳。

6 用搅拌棒搅打至光滑细腻。撒入肉桂粉、印度咖喱粉、盐③，整体搅拌均匀。再将鸡肉放回锅内，最后根据个人喜好加入装饰的蔬菜。

staub RECIPE **66**

无水香料鸡肉咖喱

staub RECIPE **69**

青咖喱

staub RECIPE **68**

牛筋番茄咖喱

staub RECIPE **67**

猪肉咖喱

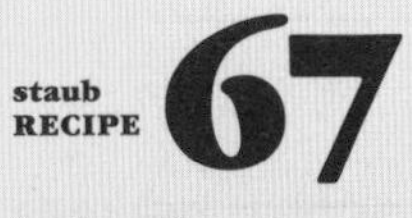

猪肉咖喱

可以多加一些姜黄粉，这样做好的咖喱色泽金黄。如果时间紧迫，可以使用肉馅或肉丁烹调，还可以加入豆类，味道也很赞。

【材料：4～6人份】

＊请参照无水香料鸡肉咖喱的材料与做法。

1. 鸡腿肉（2块）换成切成大块的猪肉（300g），做法相同。步骤②的炖煮时间延长至1小时，最后一步用姜黄粉、印度咖喱粉（各1小勺）代替肉桂粉。撒上盐（1小勺），搅拌均匀后再将猪肉放回锅内。可以根据个人喜好在米饭上撒少许小茴香。

staub RECIPE **68**

牛筋番茄咖喱

加入番茄的红色咖喱。喜欢吃辣的朋友们，还可以加入卡宴辣椒粉和红辣椒。

【材料：4～6 人份】

牛筋……300g
洋葱……4～5 个
胡萝卜……1 根
芹菜……1 根
番茄……2 个
酒……2 大勺
橄榄油……1 大勺
混合香料（参照 p92）……3 大勺
辣椒粉……1 小勺
彩椒粉……1 小勺
盐①……1/2 小勺
盐②……约 1½ 小勺

1. 刀与洋葱纤维呈直角切成薄片，胡萝卜、芹菜也切薄片。番茄切成1cm见方的小块。
2. 牛筋切成3cm见方的大块，放入直径20cm的锅内，倒入酒和水，水刚没过牛筋即可。开中火煮至沸腾，然后盖上锅盖。用小火炖煮40分钟。关火，保持锅盖紧闭焖至冷却。用笊篱捞出。
3. 锅内倒入橄榄油，开中火加热，放入洋葱、胡萝卜、芹菜开始煸炒，煸炒至变软后，加入混合香料，继续翻炒。加入2和番茄，撒上盐①，搅拌均匀后盖上锅盖。
4. 加热至锅盖缝隙往外冒蒸气时，改用文火炖煮1个小时。
5. 关火，保持锅盖紧闭，放置一旁冷却（余热烹调）。最后撒上辣椒粉、彩椒粉、盐②，搅拌均匀。盛盘，可根据个人喜好往米饭上撒上少许彩椒粉。

staub RECIPE **69**

青咖喱

不用椰奶，用椰油烹调。无须加水，茄子、青椒蒸煮时会渗出很多水分。调整青咖喱酱的用量可改变辣度。

【材料：4～6 人份】

青咖喱酱……2 小勺
虾皮……1 大勺
盐①……1/2 小勺
香菜粉……1 小勺
小茴香粉……1 小勺
椰油……2 大勺
洋葱……3 个
鸡腿肉……2 块
盐②……1/2 小勺
茄子……2 根
青椒……4 根
土豆……2 个
鱼露……1 大勺
赤砂糖……1 大勺

1. 刀与洋葱纤维呈直角切成薄片。鸡肉切成6等份，撒上盐①。
2. 茄子随意切大块，青椒切成4等份，土豆切成3cm见方的小块。
3. 锅内倒入椰油，开中火加热，加入青咖喱酱、虾皮、香菜粉、小茴香粉翻炒。炒出香味后，加入洋葱稍微煸炒一下，然后加入鸡肉、茄子、青椒、土豆，撒上盐②，搅拌均匀后盖上锅盖。
4. 加热至锅盖缝隙处有蒸气时，改用文火炖煮40分钟。关火，保持锅盖紧闭，焖30分钟至冷却（余热烹调）。加入鱼露、赤砂糖。盛盘，可根据个人喜好装饰上香菜。

烟熏料理

staub RECIPE 70 烟熏鸡肉

鸡肉提前用盐腌渍一晚，熏好后再放置一晚。制作耗时较长，但鸡胸肉充分入味后美味无比。也可以选用鸡腿肉制作。

【材料：适量】

鸡胸肉……2 块
赤砂糖……2 大勺
盐……2 小勺
果木碎……30g
砂糖（白砂糖等）……1 大勺

准备

将赤砂糖、盐撒到鸡肉上，裹上保鲜膜放入保鲜袋内，再放入冰箱内冷藏1～2日。

1 锅内铺上锡纸，撒入果木碎和赤砂糖，轻轻搅拌均匀。

2 用厨房纸巾吸干鸡肉表面的水分，放到烘焙用纸上，然后再放入1的锅内。锅盖稍微倾斜盖上，开中火加热。

3 加热至开始冒薄烟时，盖紧锅盖继续加热10分钟。

◎关于果木碎

- 推荐使用樱木碎，樱木香味与各类食材均能搭配。
- 果木碎只要能出烟就可以多次使用。如果不出烟了，可以再添上少量砂糖和果木碎，搅拌均匀后又会继续出烟。
- 丢弃烧尽的果木碎时，为了避免发生火灾，一定要先用水浸湿再丢弃。

staub的密封性能可以锁住烟，因此在家也可以做烟熏料理。盐腌、脱盐、干燥、熏制……光是想一想这些制作步骤就觉得很费劲了，下面给大家介绍几款可以在家制作烟熏料理的简易食谱。冷冻保存可以用于招待突然到访的客人。

制作烟熏料理的注意事项

- 打开锅盖时会有烟和香味飘出（比普通锅的量要少）。如果居住在公寓里，可能会对邻居造成影响。
- 锅体加热后温度较高，需格外小心以防烫伤。
- 衣服上可能会沾上烟熏味。
- 锅体与锅盖内侧会被熏黑。先用沾湿的报纸或保鲜膜等轻轻擦掉污渍，再用海绵和中性洗洁精擦洗。
- 反复冲洗可以去除锅内的烟熏味。

4 打开锅盖看一眼锅内，立即盖紧锅盖。如果锅内浓烟滚滚，可以改成小火加热，如果烟不够浓，可以保持当前火力继续加热10分钟。

☞ 注意打开锅盖和盖上锅盖的动作要迅速，防止烟雾弥漫。

5 熏至鸡肉呈金黄色时，关火，保持锅盖紧闭继续焖20～30分钟（余热烹调）。用夹子等工具按压一下，如果能感受到鸡肉的弹力就说明已熟透。

☞ 打开锅盖锅内外会有气体交换，烟便会溢出。

6 冷却后，连同肉汁一并装入保鲜袋内，放到冰箱内冷藏。

☞ 可冷藏保存3～4日。6放入冰箱内冷藏一晚后，用保鲜膜逐个包裹后放入保鲜袋内，再冷冻保存2～3周。食用前可放入冷藏室内解冻。

◎适合熏制的食材及其食用方法

- 新手制作时推荐选用白薯、鳕鱼子、混合坚果等可以直接食用的干燥食材。
- 鱼糕、香肠、鹌鹑蛋等食材需先用水煮熟，再用厨房纸巾吸干水分，然后再熏制。
- 先熏制烹调时间较短的奶酪和干燥食材，然后再熏制肉类、鱼类等会渗出汁水的食材，这样烹调效率更高。
- 熏制食物冷却入味后比刚熏好时更好吃，因此可以放入冰箱内冷藏，然后再恢复至常温后食用。

staub RECIPE **71**

烟熏 6P 奶酪

平常吃的奶酪经过熏制，立刻变成了一道下酒菜。熏制过程中奶酪会熔化，为了避免粘锅需保留底部包装纸。

【材料：适量】

6P 奶酪……6 个
果木碎……30g
砂糖……1 大勺

1. 打开6P奶酪，保留奶酪底部的包装纸。
2. 锅内铺上锡纸，放入果木碎和砂糖，轻轻搅拌均匀，再铺上一层烘焙用纸，然后放入1。锅盖稍微倾斜着盖住，开中火加热。
3. 加热至开始冒薄烟时，盖紧锅盖。不时打开锅盖观察冒烟情况，如果开始冒浓烟，可以转小火加热。开始冒浓烟后差不多熏10分钟，熏至表面呈金黄色即可。

staub RECIPE **72**

烟熏后的鹌鹑蛋十分美味，不知不觉就会吃下很多个。

烟熏鹌鹑蛋

1. *请参照p98～99烟熏鸡肉的做法。
鹌鹑蛋（1盒）用水煮熟，然后用厨房纸巾吸干鹌鹑蛋表面的水分。锅内铺上锡纸，放入果木碎（30g）和砂糖（1大勺），轻轻搅拌均匀，再铺上一层烘焙用纸，然后放入鹌鹑蛋，注意鹌鹑蛋之间留有空隙。锅盖稍微倾斜着盖住，开中火加热。加热至开始冒薄烟时，盖紧锅盖，继续加热10分钟。如果发现烟不够浓，可以再加大火力加热5～10分钟。熏至表面呈金黄色即可。

staub RECIPE **73**

平时经常吃的鱼糕熏制后更适合大人食用。与日本酒搭配堪称绝配。

烟熏鱼糕

1. *请参照p98～99烟熏鸡肉的做法
用厨房纸巾吸干鱼糕（个人喜欢的种类和量）表面的水分。锅内铺上锡纸，放入果木碎（30g）和砂糖（1大勺），轻轻搅拌均匀，再铺上一层烘焙用纸，然后放入鱼糕，注意鱼糕之间留有空隙。锅盖稍微倾斜着盖住，开中火加热。加热至开始冒薄烟时，盖紧锅盖，继续加热5分钟。

☞ 鱼糕容易熏干，加热 5 分钟即可。

staub RECIPE **74**

烟熏香肠

相比煮香肠和煎香肠，烟熏香肠味道更特别。

1. ***请参照p98～99烟熏鸡肉的做法**
用厨房纸巾吸干香肠（个人喜欢的量）表面的水分。锅内铺上锡纸，放入果木碎（30g）和砂糖（1大勺），轻轻搅拌均匀，再铺上一层烘焙用纸，然后放入香肠，注意香肠之间留有空隙。锅盖稍微倾斜着盖住，开中火加热。加热至开始冒薄烟时，盖紧锅盖，继续加热10分钟。很难通过香肠色泽判断是否熏好，一般熏10分钟即可。

staub RECIPE **75**

烟熏咸鲐鱼

深受男性朋友欢迎的烟熏咸鲐鱼。金黄色的烟熏咸鲐鱼非常适合当下酒菜。剩余的烟熏咸鲐鱼可以撕碎混入意大利肉酱内，也可以当作饭团的配菜。

【材料：适量】

咸鲐鱼……2块
果木碎……30g
砂糖……1大勺

1. 用厨房纸巾吸干咸鲐鱼表面上的水分。去掉鱼鳍。
2. 锅内铺上锡纸，放入果木碎和砂糖，轻轻搅拌均匀，再铺上一层烘焙用纸，摆入1。锅盖稍微倾斜着盖住，开中火加热。
3. 加热至开始冒薄烟时，盖紧锅盖。共加热30分钟，每隔10分钟打开锅盖观察锅内冒烟程度（参照烟熏鸡肉步骤4）。
4. 冷却后放入冰箱内冷藏，食用时去骨切小块。

☞ 每一块烟熏咸鲐鱼均用保鲜膜包裹后放入保鲜袋内，再放入冰箱内冷冻保存2～3周。食用前可放入冷藏室内解冻。

☞ 冷藏后较容易切开，也更容易去骨。

staub RECIPE

76 自制培根

在家也可以做出让人放心的无添加培根啦。五花肉切厚片，放入锅内熏烤就变成美味培根了。可多做一些放入冰箱内冷冻保存。

【材料：适量】

猪五花肉……1 条（500g 左右）

盐……肉重量的 1.3%

赤砂糖……盐量的一倍

果木碎……30g

砂糖……1 大勺

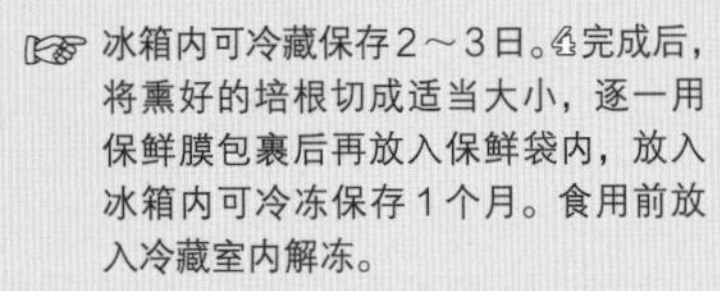

☞ 冰箱内可冷藏保存 2～3 日。4完成后，将熏好的培根切成适当大小，逐一用保鲜膜包裹后再放入保鲜袋内，放入冰箱内可冷冻保存 1 个月。食用前放入冷藏室内解冻。

☞ 根据个人喜好切成合适厚度，不加油，用烟熏烤成金黄色后味道更佳。

1. 猪肉纵切成两半。整体抹上砂糖和盐，用厨房用纸包裹两层后再裹上保鲜膜，然后再放入保鲜袋内，冰箱内放置一晚拿出即可熏制，腌渍2～3日最佳，最晚4～5日内必须拿出烹调。烹调前，需用厨房纸巾吸干表面水分。
2. 锅内铺上锡纸，放入果木碎和砂糖，轻轻搅拌均匀，再铺上一层烘焙用纸，放入1。锅盖稍微倾斜着盖住，开中火加热。
3. 加热至开始冒薄烟时，盖紧锅盖。每隔10分钟打开锅盖观察锅内冒烟程度，调整火候。
   - 10分钟后……烟太浓改用小火加热。
   - 20分钟后……肉翻面ⓐ。
   - 30分钟后……烟太浓改用小火加热。
   - 40分钟后……关火，焖至彻底冷却（余热烹调）。
4. 连同肉汁一并装入保鲜袋内，放入冰箱内冷藏入味一晚。

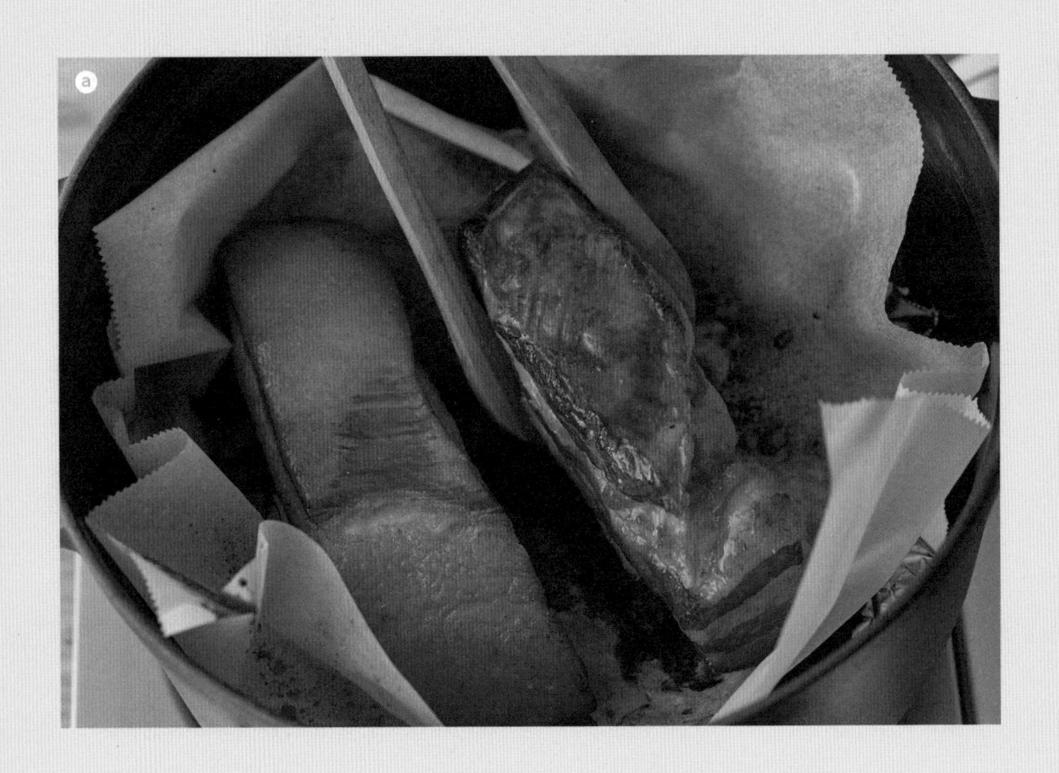

第3章　小点心

老少皆宜的小点心。可以盖上锅盖直接放入烤箱内，
小尺寸的 staub 非常适合制作布丁或蛋糕。

staub RECIPE 77 烤红薯

导热均匀的 staub 非常适合用来烤红薯。推荐使用烤箱。

【材料：2 人份】

红薯……2 个（可放入锅内的大小）

☞ 红薯的大小不同，其烤制时间也不同，需根据实际情况调整加热时间。

☞ 红薯选用红遥、安娜薯等品种，味道更加甘甜美味。

☞ 推荐使用烤箱烤制。先用中火加热 10 分钟，再放入预热好的烤箱内 170℃烤 30 分钟。然后再放置在烤箱内 1 个小时，利用余热充分烤透红薯。

1. 洗净红薯，用锡纸包裹好后放到锅内ⓐ。
2. 盖上锅盖，开中火加热10分钟，翻面再用小火加热30分钟，关火，翻面，利用余热加热20分钟。用竹签扎一下，能扎透即已烤熟ⓑ。

稍作改良
开发新品

staub RECIPE 78 红薯布丁

原味甘醇、口感温和的布丁。如果刚好有烤好的红薯即可快速制作。

【材料：直径 10cm 的 staub　1 个份】

鸡蛋……1 个
牛奶……100mL
赤砂糖……20g
烤红薯……70g

1. 牛奶倒入锅内，开中火加热至50℃（冒蒸气）。
2. 碗内打入鸡蛋，撒上赤砂糖，充分搅拌均匀，倒入牛奶继续搅拌，再放入红薯，用料理棒搅打至整体细腻润滑。
3. 用漏勺轻轻过滤液体至锅内。盖上锅盖，再将锅摆放到烤盘上，然后往烤盘内倒入1cm深的热水。放入预热至140℃的烤箱内烤15～20分钟。烤好后，放置到冷却网上冷却，再放入冰箱内冷藏。
4. 可以搭配焦糖红薯块和打发的鲜奶油一起享用。

*焦糖红薯块

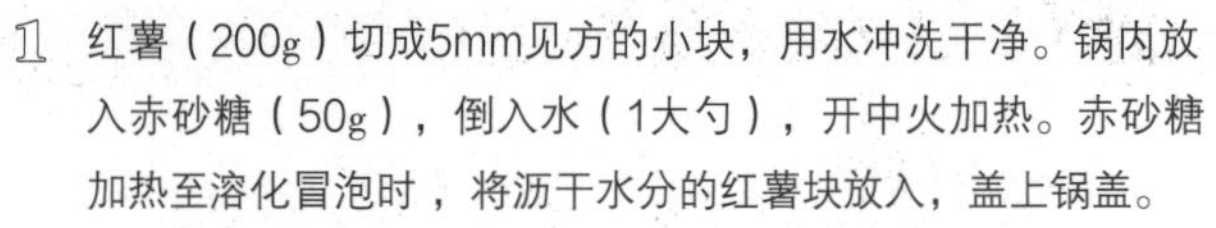

1. 红薯（200g）切成5mm见方的小块，用水冲洗干净。锅内放入赤砂糖（50g），倒入水（1大勺），开中火加热。赤砂糖加热至溶化冒泡时，将沥干水分的红薯块放入，盖上锅盖。
2. 加热至锅盖缝隙处有蒸气时，改用小火继续加热10分钟。关火，打开锅盖稍微搅拌一下，然后继续加热煮干水分。

换成水果试试

staub RECIPE **79**

烤香蕉

简单的食材烹调出大家喜爱的甜点。淋上朗姆酒，可以搭配冰淇淋或鲜奶油。

【材料：直径 10cm 的 staub　1 个份】

香蕉……1 根
朗姆酒（黑）……2 小勺
赤砂糖……2 小勺
黄油……1 小勺
杏仁碎……少许

1. 香蕉去皮，横切成两半。
2. 锅内放入黄油和赤砂糖，开中火加热至熔化，再放入香蕉。烤至略微焦黄时翻面，淋上朗姆酒。加热至酒精挥发后再盖上锅盖加热2分钟。
3. 撒上少许杏仁碎。

staub RECIPE **80**

烤苹果

烤制时，厨房里充满了幸福的香味。味道与鸡肝泥（p58）特别搭。也可以搭配冰淇淋享用，美味无比。

【材料：直径 10cm 的 staub　2 个份】

苹果……1 个（稍小）
肉桂粉……少许
赤砂糖……1 大勺
黄油……2 小勺
核桃……20g

1. 苹果洗净，纵切成两半，去心，也可用小勺挖去果核。
2. 锅内放入黄油、赤砂糖，开中火加热。加热至糖水呈茶色时加入核桃，搅拌至核桃表面均匀裹上糖浆，取出。
3. 苹果切面朝下放入2的锅内，烤至上色。翻面继续烤至上色后，撒上肉桂粉。再将苹果翻面，放入核桃，盖上锅盖用小火加热10分钟左右，苹果翻面。

☞ 锅太小没法放在炉灶上时，可以放到烤网上加热。
☞ 也可以用直径 20cm 的 staub 一次性烤好一整个苹果。

staub RECIPE 81 枫糖拔丝红薯

改良版非油炸拔丝地瓜。可以当小零食，也可以当便当配菜。
可以用蜂蜜和赤砂糖代替枫糖浆。

【材料：2～4人份】

红薯……2个（约400g）
橄榄油……2大勺
枫糖浆……2大勺
杏仁片……15g

1. 红薯随意切成小块，清洗干净，用笊篱捞出沥干水分。
2. 锅内倒入橄榄油，开中火加热。倒入1，翻炒均匀，让红薯表面均匀沾上油。
3. 倒入枫糖浆，盖上锅盖。加热至产生蒸气后，再用文火加热10分钟。整体搅拌均匀，再盖上锅盖焖10分钟（余温加热）。最后撒上杏仁片。

staub RECIPE **82**
红玉鞑靼挞

酥脆的饼坯搭配上酸甜可口的苹果，味道超级赞。饼坯做法超级简单，比制作传统的鞑靼挞更容易上手。

【材料：直径 10cm 的 staub　2 个份】

黄油……10g
苹果（红玉）……1 个（稍小）
赤砂糖……20g
全麦粉……50g
杏仁粉……50g
盐……2 小撮
枫糖浆……40g
菜籽油……30g
冰淇淋……适量

☞ 也可以用其他苹果代替红玉苹果。

1 苹果洗净，纵切成4等份，去核，再将其中两块苹果对切开。

2 往其中1个锅内涂上半份黄油，再加入半份赤砂糖。将一块1/4大的苹果放在中央，左右两边再各放上一块1/8大的苹果。烤箱预热至180℃备用。将锅放到灶上，开中火加热，烤至产生“滋滋”声时关火。

3 制作饼坯。将全麦面粉、杏仁粉、盐放入盆内，轻轻搅拌均匀。倒入菜籽油，用手轻轻搅拌，再倒入枫糖浆，揉成面团。

4 饼坯分成两份，整理成圆饼形，盖到2上。开中火加热，烤至产生“滋滋”声时关火。摆入烤盘内，放入烤箱烤35分钟左右。

5 用木铲按压刚烤好、体积膨胀的饼坯。放置一旁冷却。

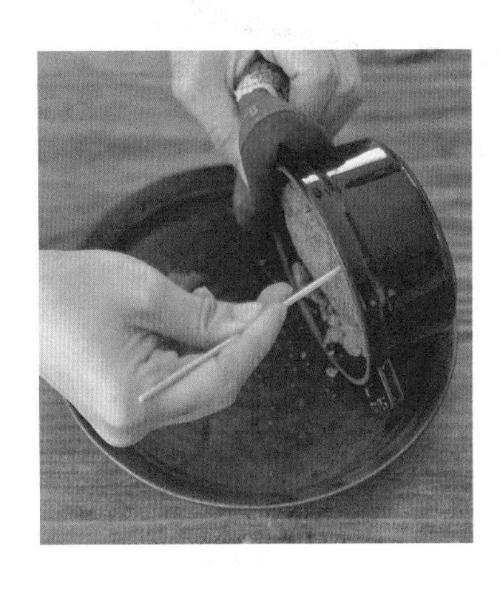

6 脱模时用明火加热1～2分钟，用竹扦沿着锅边划一圈，倒扣到盘子内。再配上冰淇淋即可享用。

staub RECIPE 83 巧克力蛋糕

只需将材料混合就能烤的简单食谱。出炉后可以趁热搭配冰淇淋食用。

【材料：直径 10cm 的 staub 2 个份】

点心专用黑巧克力……50g
（可可含量 55% 以上的巧克力）
黄油……30g
鸡蛋（放至室温）……1 个
赤砂糖……20g
低筋面粉……10g
糖粉……适量

1. 巧克力与黄油放入碗内，隔热水加热至熔化ⓐ。
2. 往1内打入鸡蛋，放入赤砂糖，用打蛋器充分搅拌。筛入低筋面粉ⓑ，用硅胶铲翻拌。
3. 倒入锅内ⓒ，盖上锅盖。放入预热至180℃的烤箱内烤15分钟，冷却后筛入糖粉。

☞ 用可可粉代替低筋面粉做出的巧克力蛋糕味道微苦，口感更正宗。

☞ 也可以用直径 14cm 的锅烤 20 分钟。

a

b

c

大桥由香（Ohashi Yuka）

料理研究家

日本神奈川厚木市“haruhigohan”咖啡馆的店主。致力于企业食谱研发，在杂志、网络上介绍食谱、食物搭配、餐馆，担任活动讲师等。每月开设数次料理教室。自2011年受ZWILLING J.A. HENCKELS JAPAN（日本双立人）的委托，开始在全国各地展示如何用staub烹饪食物。

原版图书工作人员（均为日籍）

烹饪助手：片山爱沙子　国本数雅子　小岛惠　佐野雅
摄影：铃木信吾
造型：津金由纪子
艺术装置 / 设计：藤田康平（Barber）
设计：古川唯衣（Barber）
插图：林舞（面包和洋葱）
编辑：古池日香留
锅具赞助：staub
ZWILLING J.A. HENCKELS JAPAN（日本双立人）
0120-75-7155
www.staub.jp
器具提供：小泽基晴　http：//instagram.com/ozawa_motoharu
长峰菜穗子　http：//senrowaki.com/nao
松塚裕子　http：//matsunoco.wixsite.com/yukomatsuzuka
摄影助理：UTUWA
03-6447-0070

图书在版编目（CIP）数据

铸铁锅无水料理 / (日) 大桥由香著 ; 唐晓艳译
. -- 海口 : 南海出版公司, 2019.7（2022.3重印）
ISBN 978-7-5442-9591-8

Ⅰ. ①铸… Ⅱ. ①大… ②唐… Ⅲ. ①食谱 Ⅳ.
①TS972.12

中国版本图书馆CIP数据核字(2019)第061658号

著作权合同登记号　图字：30-2019-016
TITLE：［Staub de Musui Tyouri］
BY：[Ohashi Yuka]

ZHUTIEGUO WU SHUI LIAOLI
铸铁锅无水料理

策划制作：北京书锦缘咨询有限公司（www.booklink.com.cn）
总 策 划：陈　庆
策　　划：邵嘉瑜

作　　者：〔日〕大桥由香
译　　者：唐晓艳
责任编辑：雷珊珊
排版设计：王　青
出版发行：南海出版公司 电话：（0898）66568511（出版）（0898）65350227（发行）
社　　址：海南省海口市海秀中路51号星华大厦五楼 邮编：570206
电子信箱：nhpublishing@163.com
经　　销：新华书店
印　　刷：北京美图印务有限公司
开　　本：889毫米×1194毫米　1/16
印　　张：7
字　　数：157千
版　　次：2019年7月第1版　　2022年3月第4次印刷
书　　号：ISBN 978-7-5442-9591-8
定　　价：49.80元

本书使用的 staub 的尺寸

煎炒锅 ：24cm

大口径浅锅。圆拱形的锅盖与炖锅相同，都具备“花洒”功能。是一款适合煎、煮、蒸的万能锅。可以替代土锅、平底锅，非常方便。

圆形炖锅：24cm

直径 24cm 容量已经非常大了。适合人口多的家庭。非常适合做咖喱、炖菜、关东煮。

圆形炖锅：10cm

尺寸较小，推荐用于制作点心或烤箱烹调。无法放在煤气灶或电磁炉上加热。

圆形炖锅：14cm

最适合烹调炸物。本书中“炸物”用的就是这款锅。尺寸较小，热循环较快，可以缩短烹调时间。是一款我想再买一个的锅。

圆形炖锅：20cm

本书中介绍的食谱主要用的都是直径 20cm 的锅。这个尺寸可以做主菜，也可以做配菜。建议买第一个 staub 就选这个尺寸。

staub

staub的使用方法

使用前

需要先开锅。

首先用热水清洗锅，干燥后用厨房用纸蘸上食用油擦满整个锅内壁。

然后用小火加热几分钟，让油深入到锅体中，注意不要烧煳。

待锅冷却后擦拭掉多余的油分。用油润过的锅更耐用。

如何熟练使用 staub

· 金属制器具的表面有一层珐琅，非常容易受损。烹调时、盛取时请使用硅胶铲或木铲。

· 虽然 staub 的密封性非常好，可以无水烹调，但是如果频繁打开锅盖或者用大火加热都会造成食材焦煳，一定要多注意。

· 用完后用水清洗干净，再充分拭干水分后保存。如果湿漉漉地保存会导致生锈。

· 打开锅盖时，锅盖内壁会聚集着很多汤汁水滴。不要让这些水滴外溢，确保全部滴落到锅内。

使用注意事项

· 使用后充分洗净，再充分干燥。

· 使用电磁炉时，温度可能会发生急剧变化，因此先开小火，再将火候调整至中火。也有部分型号的产品无法使用电磁炉加热。

疑难情况问与答

Q：焦煳粘锅了怎么办?

A：锅内装满水，倒入适量小苏打，加热煮沸数分钟，然后关火至冷却。倒掉锅内的水，再用中性洗剂清洗。如果一次没法清理干净，就多重复几次上述操作。金属球、去污粉、漂白剂等会损伤珐琅，请杜绝使用。

Q：锅口边缘部位生锈了怎么办?

A：锅口边缘没有做防锈处理，如果附着了水汽就会生锈。如果生锈了，用市售的除锈剂清理干净锈斑，再用中性洗剂清洗，然后拭干水分，为了防止生锈可以涂上食用油。

Q：锅口边缘怎么会有伤痕呢?

A：staub 制造过程中需要用四根棍子支撑着加工，棍子与锅体接触部位会留下很轻的痕迹，不过出厂前都经过了再处理。可能也会留有轻微痕迹的情况，但这不是伤痕。